Versión del estudiante

Eureka Math
1.ᵉʳ grado
Módulos 3 y 4

Un agradecimiento especial al Gordon A. Cain Center y al Departamento de Matemáticas de la Universidad Estatal de Luisiana por su apoyo en el desarrollo de *Eureka Math*.

Para obtener un paquete
gratis de recursos de Eureka
Math para maestros,
Consejos para padres y más,
por favor visite
www.Eureka.tools

Publicado por la organización sin fines de lucro Great Minds®.

Copyright © 2017 Great Minds®.

Impreso en EE. UU.

Este libro puede comprarse directamente en la editorial en eureka-math.org

10 9 8 7 6 5 4 3 2 1

ISBN 978-1-68386-200-0

Nombre _____ Fecha _____

Escribe las palabras **más largo que** o **más corto que** para hacer que los enunciados sean verdaderos.

1.

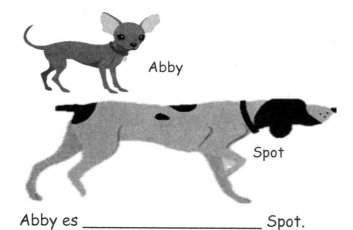

Abby es _____ Spot.

2.

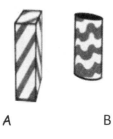

A   B

B es _____A.

3.

El sombrero de la bandera estadounidense

es _____

el sombrero de un chef.

4.

La envergadura de ala del murciélago más oscuro

es _____

la envergadura de ala del murciélago más claro.

5.

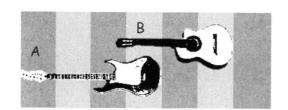

La guitarra B es

_____

La guitarra A.

      Lección 1:   Comparar la longitud directamente y considerar la importancia de   1
alinear puntos extremos.

©2017 Great Minds®. eureka-math.org

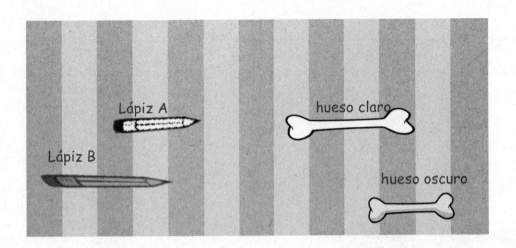

6. El lápiz B es _____ el lápiz A.

7. El hueso oscuro es _____ el hueso claro.

8. Encierra en un círculo como verdadero o falso.
   El hueso claro es más corto que el Lápiz A.   **Verdadero** o **Falso**

---

9. Encuentra 3 materiales escolares. Dibújalos aquí en orden desde **el más corto** hasta **el más largo**. Pon nombre a cada material de la escuela.

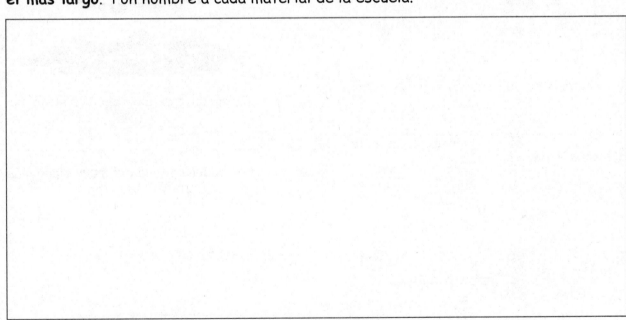

EUREKA
MATH™

Nombre _____   Fecha _____

Sigue las instrucciones. Completa los enunciados.

1. Encierra en un círculo el conejo **más largo**.

Peter

Floppy

_____ es más largo que

_____ .

2. Encierra en un círculo la fruta **más corta**.

A   B

_____ es más corto que

_____ .

Escribe las palabras **más largo que** o **más corto que** para hacer que los enunciados sean verdaderos.

3.

El pegamento

es _____

la salsa de tomate.

4.

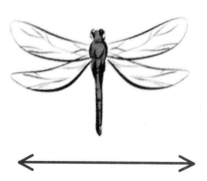

La envergadura del ala de la libélula

es _____

la envergadura del ala de la mariposa.

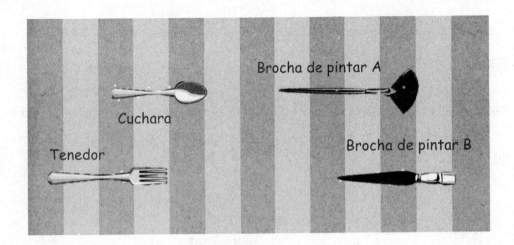

5. La brocha de pintar A es _____ la brocha de pintar B.

6. La cuchara es _____ el tenedor.

7. Encierra en un círculo como verdadero o falso.

   La cuchara es más corta que la brocha de pintar B.   **Verdadero** o **Falso**

_____

8. Encuentra 3 objetos en tu cuarto. Dibújalos aquí en orden desde el más corto hasta el más largo. Pon nombre a cada objeto.

EUREKA
MATH™

Nombre _____   Fecha _____

1. Usa la tira de papel proporcionada por tu maestro para medir cada **imagen**. Encierra en un círculo las palabras que necesitas para hacer que el enunciado sea verdadero. Luego, rellena el espacio en blanco.

El bate de béisbol es

| más largo que |
| más corto que |
| la misma longitud que |

la tira de papel.

El libro es

| más largo que |
| más corto que |
| la misma longitud que |

la tira de papel.

El bate de béisbol es _____ el libro.

2. Completa los enunciados con **más largo que**, **más corto que** o la **misma longitud** que para hacer que los enunciados sean verdaderos.

   a.

   El **tubo** es _____ el **vaso**.

   b.

   La **plancha** es _____ que la **tabla de planchar**.

Usa las mediciones de los Problemas 1 y 2. Encierra en un círculo la palabra que hace que los enunciados sean verdaderos.

3. El bate de béisbol es (**más largo/más corto**) que el vaso.

4. El vaso es (**más corto/más largo**) que la tabla de planchar.

5. La tabla de planchar es (**más larga/más corta**) que el libro.

6. Ordena estos objetos desde los más cortos a los más largos:

   vaso, tubo y tira de papel

   _____   _____   _____

Dibuja una imagen para ayudar a completar las afirmaciones sobre la medición. Encierra en un círculo las palabras que hacen que el enunciado sea verdadero.

7. Sammy es más alto que Dion.

   Janell es más alta que Sammy.

   Dion es (**más alta que/más corta que**) Janell.

8. El collar de Laura es más largo que el collar de Mihal.

   El collar de Laura es más corto que el collar de Sarai.

   El collar de Sarai es (**más largo que/más corto que**) el collar de Mihal.

Lección 2: Comparar la longitud usando la comparación indirecta encontrando objetos *más largos que, más cortos que, e iguales en longitud* que la de una cuerda.

©2017 Great Minds®. eureka-math.org

7

Nombre _____   Fecha _____

Usa la tira de papel proporcionada por su maestro para medir cada **imagen**. Encierra en un círculo las palabras que necesitas para hacer que el enunciado sea verdadero. Luego, rellena el espacio en blanco.

1.

El sundae es

| más largo que |
| más corto que |
| la misma longitud que |

la tira de papel.

La cuchara es

| más largo que |
| más corta que |
| la misma longitud que |

la tira de papel.

La **cuchara** es _____ el sundae.

2.

El **globo** es _____ el pastel.

EUREKA MATH

3.

La **bola** es más corta que la tira de papel.

Entonces, el **zapato** es _____ la **bola**.

Usa las mediciones de los problemas 1 - 3. Encierra en un círculo la palabra que hace que los enunciados sean verdaderos.

4. La cuchara es (**más larga/más corta**) que el pastel.

5. El globo es (**más largo/más corto**) que el sundae.

6. El zapato es (**más largo/más corto**) que el globo.

7. Ordena estos objetos desde el más corto hasta el más largo:

pastel, cuchara y tira de papel

_____   _____   _____

Lección 2:   Comparar la longitud usando la comparación indirecta encontrando objetos *más largos que, más cortos que, e iguales en longitud* que la de una cuerda.
©2017 Great Minds®. eureka-math.org

9

Dibuja una imagen para ayudar a completar las afirmaciones sobre la medición. Encierra en un círculo la palabra que hace que cada enunciado sea verdadero.

8. El pelo de Marni es más corto que el pelo de Wesley.

   El pelo de Marni es más largo que el pelo de Bita.

   El pelo de Bita es (**más largo/más corto**) que el pelo de Wesley

9. Elliott es más corto que Brady.

   Sinclair es más corto que Elliott.

   Brady es (**más alto/más corto**) que Sinclair.

10   Lección 2:   Comparar la longitud usando la comparación indirecta encontrando
                            objetos *más largos que*, *más cortos que*, e *iguales en longitud* que la de
                            una cuerda.

            ©2017 Great Minds®. eureka-math.org

EUREKA
MATH

Si_____ es más largo que
(Objeto del salón de clases)
mi pie y

_____ es más corta que mi
(Objeto del salón de clases)
pie, entonces

_____ es más larga que
(Objeto del salón de clases)

_____.
(Objeto del salón de clases)

Mi pie tiene aproximadamente la
misma longitud que _____.
(Objeto del salón de clases)

_____
afirmaciones de comparación indirecta

 EUREKA MATH™

Lección 2:   Comparar la longitud usando la comparación indirecta encontrando
objetos *más largos que*, *más cortos que*, e *iguales en longitud* que la de
una cuerda.

©2017 Great Minds®. eureka-math.org

11

Esta página se dejó en blanco intencionalmente

Nombre _____ Fecha _____

1. En un cuarto de juego, Lu Lu cortó un pedazo de cuerda que medía la distancia desde la casa de muñecas hasta el parque. Ella tomó la misma cuerda y trató de medir la distancia entre el parque y la tienda, ¡pero se le acabó la cuerda!

   ¿Cuál es la ruta más larga? Encierra en un círculo tu respuesta.

   la casa de muñecas hasta el parque

   el parque hasta la tienda

Usa la imagen para responder las preguntas sobre los rectángulos.

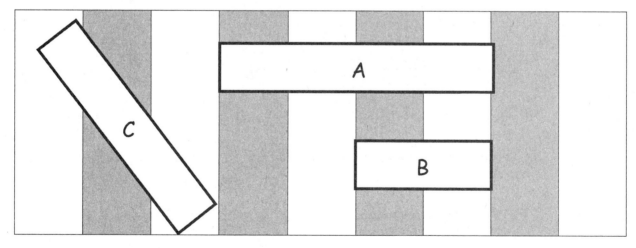

2. ¿Cuál es el rectángulo más corto? _____

3. Si el rectángulo A es más largo que el rectángulo C, el rectángulo más largo es_____.

4. Ordena los rectángulos desde el más corto hasta el más largo:

   _____   _____   _____   _____

Usa la imagen para responder las preguntas sobre las rutas de los estudiantes hacia la escuela.

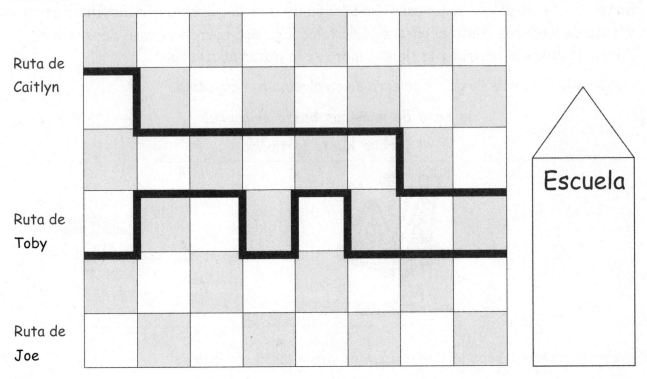

5. ¿Qué longitud tiene la ruta de Caitlyn hasta la escuela? _____ manzanas

6. ¿Qué longitud tiene la ruta de Toby hasta la escuela? _____ manzanas

7. La ruta de Joe es más corta que la de Caitlyn. Dibuja la ruta de Joe.

Encierra en un círculo la palabra correcta para hacer que el enunciado sea verdadero.

8. La ruta de Toby es **más larga/más corta** que la ruta de Joe.

9. ¿Quién tomó la ruta más corta hasta la escuela? _____

10. Ordena las rutas desde la más corta hasta la más larga.

_____   _____   _____

Nombre _____   Fecha _____

1. La cuerda que mide la ruta desde el jardín hasta el árbol es más larga que la ruta entre el árbol y las flores. Encierra en un círculo la ruta más corta.

el jardín hasta el árbol

el árbol hasta las flores

Jardín

Árbol

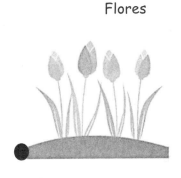

Flores

Usa la imagen para responder las preguntas sobre los rectángulos.

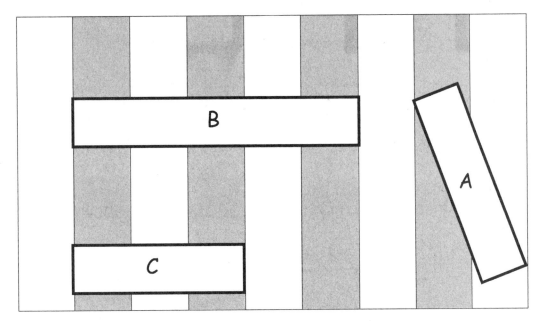

2. ¿Cuál es el rectángulo más largo? _____

3. Si el rectángulo A es más largo que el rectángulo C, el rectángulo más corto es

_____.

4. Ordena los rectángulos desde los más cortos hasta los más largos.

_____   _____   _____

Usa la imagen para responder las preguntas sobre las rutas de los niños hasta la playa.

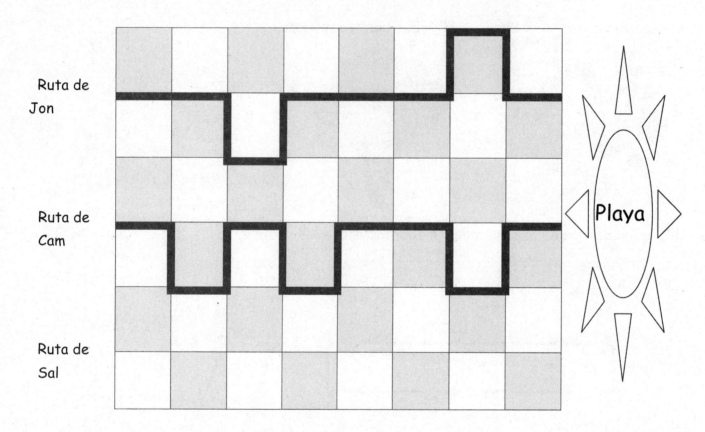

Ruta de
Jon

Ruta de
Cam

Ruta de
Sal

Playa

5. ¿Qué longitud tiene la ruta de Jon hasta la playa? _____ manzanas

6. ¿Qué longitud tiene la ruta de Cam hasta la playa? _____ manzanas

7. La ruta de Jon es más larga que la ruta de Sal. Dibuja la ruta de Sal.

EUREKA
MATH™

Encierra en un círculo la palabra correcta para hacer que el enunciado sea verdadero.

8. La ruta de Cam es **más larga/más corta** que la ruta de Sal.

9. ¿Quién tomó la ruta más corta hasta la playa? _____

10. Ordena las rutas desde la más corta hasta la más larga.

_____   _____   _____

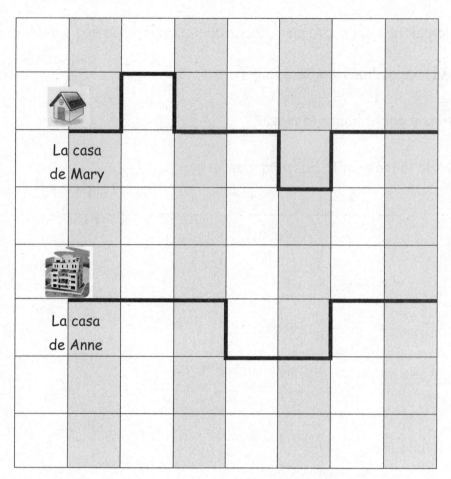

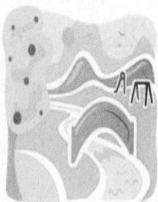

Parque

cuadrícula de manzanas de la ciudad

EUREKA MATH™

Nombre _____   Fecha _____

Mide la longitud de cada imagen con sus cubos. Completa las siguientes afirmaciones.

1. El lápiz tiene una longitud de _____cubos de un centímetro.

2. La sartén tiene una longitud de _____cubos de un centímetro.

3. El zapato tiene una longitud de _____cubos de un centímetro.

4. La botella tiene una longitud de _____cubos de un centímetro.

5. La brocha de pintar tiene una longitud de _____cubos de un centímetro.

6. La bolsa tiene una longitud de _____cubos de un centímetro.

7. La hormiga tiene una longitud de _____cubos de un centímetro.

8. El pastel tiene una longitud de _____cubos de un centímetro.

   Lección 4:   Expresar la longitud de un objeto usando cubos de un centímetro   19
como unidades de longitud para medir sin espacios ni superposiciones.

©2017 Great Minds®. eureka-math.org

9.

La calcomanía de la vaca tiene una longitud de _____cubos de un centímetro.

10.

La vasija tiene una longitud de _____cubos de un centímetro.

11. Encierra en un círculo la imagen que muestra la forma correcta de medir.

A

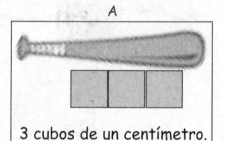

3 cubos de un centímetro.

B

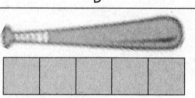

5 cubos de un centímetro.

12. ¿Cómo arreglarías la imagen que muestra una medición incorrecta?

_____

_____

Lección 4:   Expresar la longitud de un objeto usando cubos de un centímetro
como unidades de longitud para medir sin espacios ni superposiciones.

Nombre _____ Fecha _____

Mide la longitud de cada imagen con tus cubos. Completa las siguientes afirmaciones.

1. La piruleta tiene una longitud de _____ cubos de un centímetro.

2. El sello tiene una longitud de _____ cubos de un centímetro.

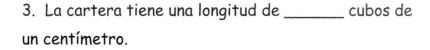

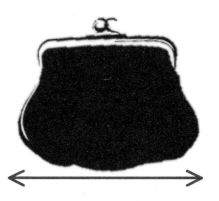

3. La cartera tiene una longitud de _____ cubos de un centímetro.

4. La vela tiene una longitud de _____ cubos de un centímetro.

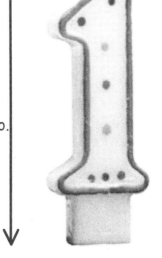

EUREKA MATH™

Lección 4:   Expresar la longitud de un objeto usando cubos de un centímetro
como unidades de longitud para medir sin espacios ni superposiciones.

21

5. El arco tiene una longitud de _____ cubos de un centímetro.

6. La galleta tiene una longitud de _____ cubos de un centímetro.

7. La taza tiene una longitud de _____ cubos de un centímetro.

8. La salsa de tomate tiene una longitud de _____ cubos de un centímetro.

9. El sobre tiene una longitud de _____ cubos de un centímetro.

EUREKA MATH™

10. Encierra en un círculo la imagen que muestre la forma correcta de medir.

A

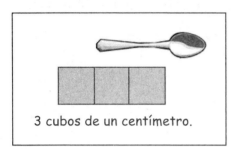

3 cubos de un centímetro.

D

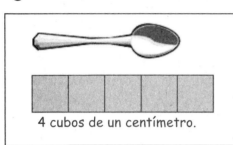

4 cubos de un centímetro.

B

4 cubos de un centímetro.

C

4 cubos de un centímetro.

11. Explica en qué han fallado las mediciones para las imágenes que no encerraste en un círculo.

_____

_____

_____

EUREKA MATH™   Lección 4:   Expresar la longitud de un objeto usando cubos de un centímetro   23
como unidades de longitud para medir sin espacios ni superposiciones.

©2017 Great Minds®. eureka-math.org

Nombre _____ Fecha _____

Objetos del salón de clase	Longitud usando cubos de un centímetro
barrita de pegamento	una longitud de _____ cubos de un centímetro
marcador de borrado en seco	una longitud de _____ cubos de un centímetro
palito de manualidades	una longitud de _____ cubos de un centímetro
sujetapapeles	una longitud de _____ cubos de un centímetro
	una longitud de _____ cubos de un centímetro
	una longitud de _____ cubos de un centímetro
	una longitud de _____ cubos de un centímetro

hoja de registro de medidas

Lección 4:   Expresar la longitud de un objeto usando cubos de un centímetro
                             como unidades de longitud para medir sin espacios ni superposiciones.

EUREKA
MATH

Nombre _____ Fecha _____

1. Encierra en un círculo el objeto u objetos medidos correctamente

   a.

   b.

   c.

   3 centímetros de longitud

   5 centímetros de longitud

   4 centímetros de longitud

2. Mide el sujetapapeles en 1(b) con sus cubos. Luego, mide los cubos con tu regla de un centímetro.

   El sujetapapeles tiene una longitud de _____ cubos de un *centímetro*.

   El sujetapapeles tiene una longitud de _____ *centímetros*.

   ¡Prepárense para explicar por qué son iguales o diferentes durante la Reflexión!

3. Usa cubos de un centímetro para medir la longitud de cada imagen de izquierda a derecha.
   Completa la afirmación sobre la longitud de cada imagen en centímetros.

   a. La imagen de la hamburguesa tiene _____ centímetros de longitud.

   b. La imagen del perro caliente tiene _____ centímetros de longitud.

   c. La imagen del pan tiene _____ centímetros de longitud.

4. Usa los cubos de un centímetro para medir los siguientes objetos. Rellena la longitud de cada objeto.

a.

El borrador tiene aproximadamente
_____ centímetros de longitud.

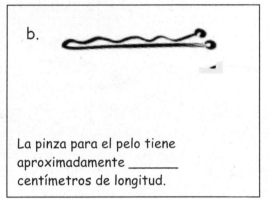

b.

La pinza para el pelo tiene
aproximadamente _____
centímetros de longitud.

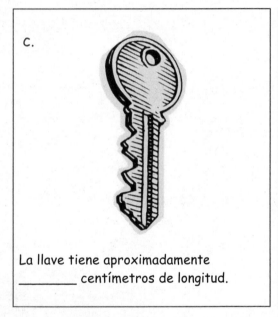

c.

La llave tiene aproximadamente
_____ centímetros de longitud.

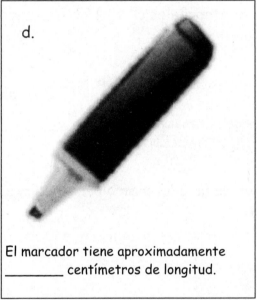

d.

El marcador tiene aproximadamente
_____ centímetros de longitud.

5. El borrador es más largo que _____, pero es más corto que

la _____.

6. Encierra en un círculo la palabra que hace que el enunciado sea verdadero.

Si un sujetapapeles es más corto que la llave, entonces el marcador es **más largo/más corto** que el sujetapapeles.

Lección 5:   Renombrar y medir con cubos de un centímetro, usando el nombre de
unidad estándar: centímetros.

©2017 Great Minds®. eureka-math.org

EUREKA
MATH™

Nombre _____ Fecha _____

1. Justin recolecta adhesivos. Usa cubos de un centímetro para medir los adhesivos de Justin. Completa los enunciados sobre los adhesivos de Justin.

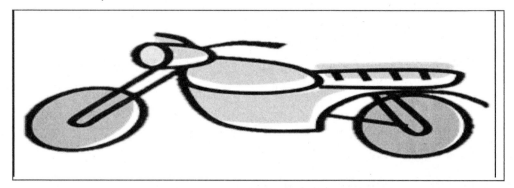

   a. El adhesivo de la motocicleta tiene _____ centímetros de longitud.

   b. El adhesivo del automóvil tiene _____ centímetros de longitud.

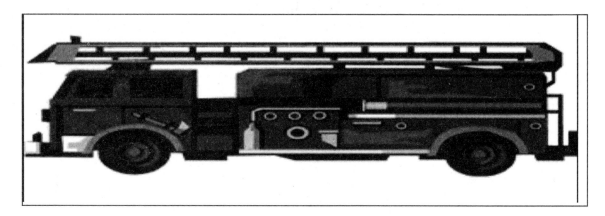

   c. El adhesivo del camión de bomberos tiene _____ centímetros de longitud.

EUREKA MATH

Lección 5:   Renombrar y medir con cubos de un centímetro, usando el nombre de
             unidad estándar: centímetros.

©2017 Great Minds®. eureka-math.org

27

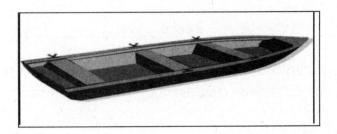

d. El adhesivo del bote de remos tiene _____ centímetros de longitud.

e. El adhesivo del avión tiene_____ centímetros de longitud.

2. Usa las medidas de los adhesivos para ordenar los adhesivos del camión de
    bomberos, el bote de remos y el avión desde el más largo hasta el más corto. Puedes
    usar dibujos o nombres para ordenar los adhesivos.

   Más largo   ————————————————➤   más corto

28   Lección 5:   Renombrar y medir con cubos de un centímetro, usando el nombre de
                             unidad estándar: centímetros.

                      ©2017 Great Minds®. eureka-math.org   EUREKA
                                                                                        MATH™

3. Llena los espacios en blanco para hacer las afirmaciones verdaderas. (Puede haber más de una respuesta correcta).

   a. El adhesivo del avión es más largo que el adhesivo del _____.

   b. El adhesivo del bote de remos es más largo que el adhesivo

      del_____ y más corto que el adhesivo del _____.

   c. El adhesivo de la motocicleta es más corto que el adhesivo de _____ y

      más largo que el adhesivo de _____.

   d. Si Justin obtiene un nuevo adhesivo que es más largo que el bote de remos,

      ¿también será más largo que cuál de sus otros adhesivos? _____

Esta página se dejó en blanco intencionalmente

Nombre _____ Fecha _____

1. Ordena los insectos del más largo al más corto escribiendo los nombres de los insectos en las líneas.

   Usa los cubos de un centímetro para comprobar su respuesta. Escribe la longitud de cada insecto en el espacio a la derecha de las imágenes.

   Los insectos desde los más largos hasta los más cortos son

   _____   _____   _____

Mosca

_____ centímetros

Oruga

_____ centímetros

Abeja

_____ centímetros

Lección 6:   Ordenar, medir y comparar la longitud de objetos antes y después de medir con cubos de centímetro, para resolver problemas escritos de *comparar con una diferencia desconocida.*

©2017 Great Minds®. eureka-math.org

31

2. Ordena los siguientes objetos desde el más corto hasta el más largo usando los números 1, 2 y 3. Usa tus cubos de centímetro para comprobar tus respuestas, y luego completa los enunciados para los problemas d, e, f, y g.

a. La matraca: _____

b. El globo: _____

c. El regalo: _____

d. El regalo tiene aproximadamente _____ centímetros de longitud.

e. La matraca tiene aproximadamente _____ centímetros de longitud.

f. El globo tiene aproximadamente _____ centímetros de longitud.

g. La matraca es aproximadamente _____ centímetros más larga que el regalo.

Lección 6:   Ordenar, medir y comparar la longitud de objetos antes y después de medir con cubos de centímetro, para resolver problemas escritos de comparar con una diferencia desconocida.

Usa tus cubos de centímetro para representar cada longitud y contesta la pregunta. Escribe una afirmación para tu respuesta.

3. El juguete de Peter T. rex tiene una altura de 11 centímetros y su juguete Velociraptor tiene una altura de 6 centímetros. ¿Cuánto más alto es el T. rex que el Velociraptor?

4. El lápiz de Miguel rodó 17 centímetros y el lápiz de Sonya rodó 9 centímetros ¿Cuánto menos rodó el lápiz de Sonya que el de Miguel?

5. Tania hace una torre de cubos que es 3 centímetros más alta que la torre de Vince. Si la torre de Vince tiene una altura de 9 centímetros, ¿cuál es la altura de la torre de Tania?

EUREKA MATH™   Lección 6:   Ordenar, medir y comparar la longitud de objetos antes y después de medir con cubos de centímetro, para resolver problemas escritos de comparar con una diferencia desconocida.   33

©2017 Great Minds®. eureka-math.org

Nombre _____ Fecha _____

1. El maestro de Natasha desea que ella coloque los peces en orden desde el más largo hasta el más corto. Mide cada pez con los cubos de centímetro que tu maestro te dio.

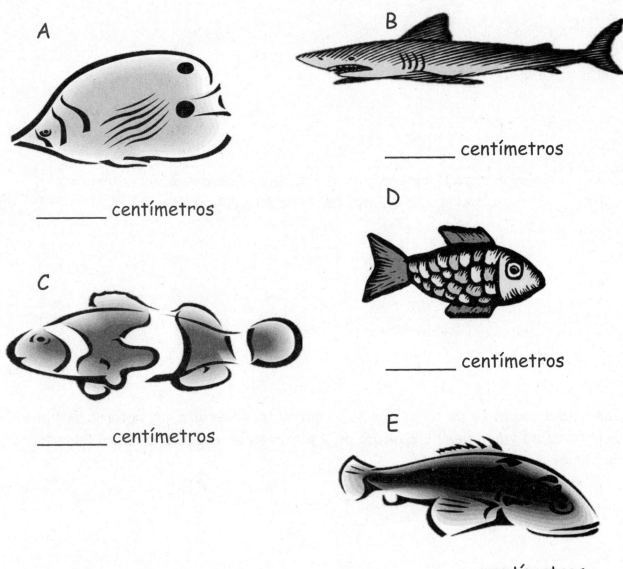

A

_____ centímetros

B

_____ centímetros

C

_____ centímetros

D

_____ centímetros

E

_____ centímetros

2. Ordena los peces A, B y C desde los más largos hasta los más cortos.

_____ _____ _____

Lección 6: Ordenar, medir y comparar la longitud de objetos antes y después de medir con cubos de centímetro, para resolver problemas escritos de *comparar con una diferencia desconocida.*

EUREKA MATH™

3. Usa todas las mediciones de peces para completar los enunciados.

    a. El pez A es más largo que el Pez _____ y más corto que el Pez _____.

    b. El pez C es más corto que el pez _____ y más largo que el pez _____.

    c. El pez _____ es el pez más corto.

    d. Si Natasha obtiene un nuevo pez que es más corto que el pez A, cita el pez respecto al cual el nuevo pez es también más corto.

Usa tus cubos de un centímetro para representar cada longitud y responder la pregunta.

4. Henry obtiene un nuevo lápiz que tiene una longitud de 19 centímetros. Saca punta al lápiz varias veces. Si el lápiz tiene ahora una longitud de 9 centímetros, ¿cuánto más corto es el lápiz ahora que cuando era nuevo?

5. Malik y Jared cada uno encontró un palo en el parque. Malik encontró un palo que tenía 11 centímetros de longitud. Jared encontró un palo que tenía 17 centímetros de longitud. ¿Cuánto más largo era el palo de Jared?

Lección 6:   Ordenar, medir y comparar la longitud de objetos antes y después de medir con cubos de centímetro, para resolver problemas escritos de *comparar con una diferencia desconocida.*

©2017 Great Minds®. eureka-math.org

35

Esta página se dejó en blanco intencionalmente

Nombre _____ Fecha _____

1. Mide la longitud de cada objeto con sujetapapeles **GRANDES**. Rellena la tabla con tus mediciones.

Nombre del objeto	Número de sujetapapeles grandes
a. botella	
b. oruga	
c. llave	
d. bolígrafo	
e. calcomanía de vaca	
f. Papel para grupo de problemas	
g. libro de lectura (del salón de clase)	

Vaca

EUREKA MATH™

Lección 7:   Medir los mismos objetos del Tema B con diferentes Unidades no estándar de forma simultánea para observar la necesidad de medir con una unidad consistente.

©2017 Great Minds®. eureka-math.org

37

2. Mide la longitud de cada objeto con sujetapapeles **PEQUEÑOS**. Rellena la tabla con tus mediciones.

Nombre del objeto	Número de sujetapapeles pequeños.
a. botella	
b. oruga	
c. llave	
d. bolígrafo	
e. calcomanía de vaca	
f. Grupo de problemas papel	
g. libro de lectura (del salón de clases)	

Vaca

Lección 7:   Medir los mismos objetos del Tema B con diferentes unidades no estándar de forma simultánea para observar la necesidad de medir con una unidad consistente.

©2017 Great Minds®. eureka-math.org

EUREKA MATH™

Nombre _____ Fecha _____

Corta la tira de sujetapapeles. Mide la longitud de cada objeto con los sujetapapeles **grandes** a la derecha. Luego, mide la longitud con los sujetapapeles **pequeños** en la parte trasera.

1. Rellena la tabla en la parte de atrás de la página con tus mediciones.

Brocha de pintar

Tijeras

Pegamento

Crayón

Borrador

EUREKA MATH™

Lección 7:   Medir los mismos objetos del Tema B con diferentes unidades no estándar de forma simultánea para observar la necesidad de medir con una unidad consistente.

©2017 Great Minds®. eureka-math.org

39

Nombre del objeto	Longitud en Sujetapapeles grandes	Longitud en Sujetapapeles pequeños
a. brocha de pintar		
b. tijeras		
c. borrador		
d. crayón		
e. pegamento		

2. Encuentra objetos alrededor de tu hogar para medir. Registra los objetos que encuentres y tus mediciones en la tabla

Nombre del objeto	Longitud en Sujetapapeles grandes	Longitud en Sujetapapeles pequeños
a.		
b.		
c.		
d.		
e.		

Lección 7: Medir los mismos objetos del Tema B con diferentes unidades no estándar de forma simultánea para observar la necesidad de medir con una unidad consistente.

EUREKA MATH

Nombre _____ Fecha _____

Encierra en un círculo la unidad de longitud que usarás para medir. Usa la misma unidad de longitud para todos los objetos.

Sujetapapeles pequeños

Sujetapapeles grandes

Mondadientes

Cubos de un centímetro

Mide cada objeto enumerado en la tabla y registra la medición. Agrega los nombres de los objetos en el salón de clase y registra tus mediciones.

Objeto del salón de clases	Medición
a. barrita de pegamento	
b. marcador de borrado en seco	
c. lápiz sin punta	
d. pizarra blanca individual	
e.	
f.	
g.	

EUREKA MATH

Lección 8: Entender la necesidad de usar las mismas unidades al comparar medidas.

©2017 Great Minds®. eureka-math.org

41

Nombre _____ Fecha _____

Encierra en un círculo la unidad de longitud que usarás para medir. Usa la misma unidad de longitud para todos los objetos.

Sujetapapeles pequeños

Sujetapapeles grandes

Mondadientes

Cubos de centímetro

1. Mide cada objeto enumerado en la tabla y registra la medición. Agrega los nombres de otros objetos en tu casa y registra sus mediciones.

Objeto del hogar	Medición
a. tenedor	
b. marco de fotos	
c. sartén	
d. zapato	
e. animal de peluche	

Lección 8:   Entender la necesidad de usar las mismas unidades al comparar medidas.

©2017 Great Minds®. eureka-math.org

EUREKA MATH

Objeto del hogar	Medición
f.	
g.	

¿Te acordaste de agregar el nombre de la unidad de longitud después del número? Sí No

2. Escoge 3 objetos de la tabla. Enumera tus objetos desde el más largo hasta el más corto:

a. _____

b. _____

c. _____

Esta página se dejó en blanco intencionalmente

Nombre _____ Fecha _____

1. Observa la siguiente imagen. ¿Cuánto **más larga** es la guitarra A que la guitarra B?

La guitarra A es _____ unidad(es) **más larga** que la guitarra B.

2. Mide cada objeto con cubos de centímetro.

El bolígrafo azul tiene _____ _____.

El bolígrafo amarillo tiene _____ _____.

Lección 9:   Resolver problemas de *comparar con una diferencia desconocida* sobre la longitud de dos objetos diferentes medidos en centímetros.

45

3. ¿Cuánto **más largo** es el bolígrafo amarillo que el bolígrafo azul?

El bolígrafo amarillo es _____ centímetros **más largo** que el bolígrafo azul.

4. ¿Cuánto **más corto** es el bolígrafo azul que el bolígrafo amarillo?

El bolígrafo azul es _____ centímetros **más corto** que el bolígrafo amarillo.

Usa tus cubos de centímetro para representar cada problema. Luego, resuelve dibujando una imagen de tu modelo y escribe un enunciado numérico y una afirmación.

5. Austin desea hacer un tren que tenga 13 cubos de centímetro de longitud. Si su tren ya tiene 9 cubos de centímetro de longitud, ¿cuántos cubos **más** necesita?

6. El bote de Kea tiene 12 centímetros de longitud, y el bote de Megan tiene 8 centímetros de longitud. ¿Cuánto **más corto** es el bote de Megan que el bote de Kea?

Lección 9:   Resolver problemas de *comparar con una diferencia desconocida* sobre la longitud de dos objetos diferentes medidos en centímetros.

©2017 Great Minds®. eureka-math.org

EUREKA MATH™

7. Kim corta un pedazo de listón para su mamá que tiene 14 centímetros de longitud. Su mamá dice que el listón es 8 centímetros demasiado **largo**. ¿Cuán largo debería ser el listón?

8. La cola del perro de Lee tiene 15 centímetros de longitud. Si la cola del perro de Kit tiene 9 centímetros de longitud, ¿cuánto **más larga** es la cola del perro de Lee que la cola del perro de Kit?

EUREKA MATH

Lección 9:   Resolver problemas de *comparar con una diferencia desconocida* sobre
la longitud de dos objetos diferentes medidos en centímetros.

47

©2017 Great Minds®. eureka-math.org

Nombre _____ Fecha _____

1. Observa la siguiente imagen. ¿Cuánto más **bajo** es el trofeo A que el trofeo B?

El trofeo A es _____ unidades más **bajo** que el trofeo B.

2. Mide cada objeto con cubos de centímetro.

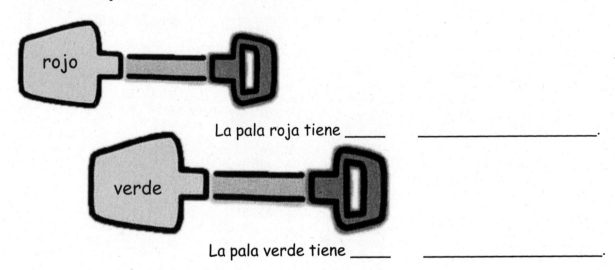

La pala roja tiene _____ _____.

La pala verde tiene _____ _____.

3. ¿Cuánto más **larga** es la pala verde que la pala roja?

La pala verde es _____ centímetros más **larga** que la pala roja.

48   Lección 9:   Resolver problemas de *comparar con una diferencia desconocida* sobre la longitud de dos objetos diferentes medidos en centímetros.

©2017 Great Minds®. eureka-math.org

EUREKA MATH

Usa tus cubos de centímetro para representar cada problema. Luego, resuelve dibujando una imagen de tu modelo y escribiendo un enunciado numérico y una afirmación.

4. Susan creció 15 centímetros y Tyler creció 11 centímetros. ¿Cuánto más **creció** Susan que Tyler?

5. La pajita de Bob tiene 13 centímetros de longitud. Si la pajita de Tom tiene 6 centímetros de longitud, ¿cuánto más **corta** es la pajita de Tom que la pajita de Bob?

Lección 9:   Resolver problemas de *comparar con una diferencia desconocida* sobre la longitud de dos objetos diferentes medidos en centímetros.

©2017 Great Minds®. eureka-math.org

49

6. Una tarjeta morada tiene 8 centímetros de longitud. Una tarjeta roja tiene 12 centímetros de longitud. ¿Cuánto más **larga** es la tarjeta roja que la tarjeta morada?

7. La planta de frijoles de Carl creció hasta una altura de 9 centímetros. La planta de frijoles de Dan creció hasta una altura de 14 centímetros. ¿Cuánto más **alta** es la planta de Dan que la planta de Carl?

Lección 9:   Resolver problemas de *comparar con una diferencia desconocida* sobre la longitud de dos objetos diferentes medidos en centímetros.

EUREKA MATH™

Nombre _____ Fecha _____

A un grupo de personas les pidieron que dijeran su color favorito. Organiza los datos usando marcas de conteo, y responde las preguntas.

Rojo	
Verde	
Azul	

1. ¿Cuántas personas eligieron el rojo como su color favorito? A_____ personas les gustó el rojo.

2. ¿Cuántas personas eligieron el azul como su color favorito? A_____ personas les gustó el azul.

3. ¿Cuántas personas eligieron el verde como su color favorito? A_____ personas les gustó el verde.

4. ¿Cuál color recibió la menor cantidad de votos? _____

5. Escribe un enunciado numérico que diga el número total de personas a las cuales les preguntaron su color favorito.

_____

Lección 10:   Recolectar, clasificar y organizar datos, luego formular y responder preguntas sobre el número de puntos de datos.

©2017 Great Minds®. eureka-math.org

51

Nombre _____ Fecha _____

A los estudiantes les preguntaron acerca del sabor de su helado favorito. Usa los siguientes datos para responder las preguntas.

Sabor del helado	Marcas de conteo	Votos
Chocolate	IIII	
Fresa	III	
Masa de galletitas	卌 卌	

1. Llena los espacios en blanco escribiendo el número de estudiantes que votaron por cada sabor.

2. ¿Cuántos estudiantes eligieron masa para galletas como el sabor que les gustó **más**?

    _____ estudiantes

3. ¿Cuál es el número total de estudiantes a quienes **les gusta más** el chocolate o la fresa?

    _____ estudiantes

4. ¿Cuál sabor recibió **la menor** cantidad de votos?

5. ¿Cuál es el número total de estudiantes a quienes **les gusta más** la masa de galletitas o el chocolate?

    _____ estudiantes

6. ¿Cuáles dos sabores fueron más deseados por un **total** de 7 estudiantes?

    _____ y _____

7. Escribe un enunciado de suma que muestre cuántos estudiantes votaron por su sabor de helado favorito.

    _____

EUREKA MATH

Los estudiantes votaron sobre lo que les gusta leer más. Organiza los datos usando marcas de conteo y luego responde.

Tiras cómicas	Revista	Capítulo de libro	Tiras cómicas	Revista
Capítulo de libro	Tiras cómicas	Tiras cómicas	Capítulo de libro	Capítulo de libro
Capítulo de libro	Capítulo de libro	Revista	Revista	Revista

Lo que a los estudiantes les gusta leer más	Número de estudiantes
Libro de tiras cómicas	
Revista	
Capítulo de libro	

8. ¿A cuántos estudiantes les gusta leer más capítulos de libros? _____ estudiantes

9. ¿Cuál objeto recibió **la menor** cantidad de votos? _____

10. ¿A cuántos estudiantes más les gusta leer capítulos de libros que revistas?

    _____ estudiantes

11. ¿Cuál es el número total de estudiantes que les gusta leer revistas o capítulos de libros?

    _____ estudiantes

12. ¿Cuáles dos objetos les gusta leer a un total de 9 estudiantes ?

    _____ y _____

13. Escribe un enunciado de suma que muestre cuántos estudiantes votaron.

    _____

 EUREKA MATH™   Lección 10:   Recolectar, clasificar y organizar datos, luego formular y responder   53
preguntas sobre el número de puntos de datos.

©2017 Great Minds®. eureka-math.org

Esta página se dejó en blanco intencionalmente

Nombre _____ Fecha _____

¡Bienvenido al Día de los datos! Sigue las instrucciones **para recolectar** y **organizar datos**. Luego, **formula** y **responde preguntas** acerca de los datos.

- Elige una pregunta. Encierra en un círculo tu elección.
- Selecciona 3 elecciones de respuesta.
- Formula a tus compañeros de clase la pregunta y muéstrales las 3 elecciones. Registra los datos en una lista de clase.
- Organiza los datos en la siguiente tabla.

¿Qué fruta te gusta más?	¿Qué merienda te gusta más?	¿Qué te gusta hacer más en el patio de juegos?	¿Qué asignatura de la escuela te gusta más?	¿Qué animal te gustaría más ser?

Elecciones de respuesta	Número de estudiantes

Lección 11:   Recolectar, clasificar y organizar datos, luego formular y responder preguntas sobre el número de puntos de datos.

©2017 Great Minds®. eureka-math.org

55

- Completa las estructuras de enunciados de preguntas para formular preguntas sobre sus datos.
- Intercambia papeles con un compañero y pide a tu compañero(a) que responda tus preguntas.

1. ¿A cuántos estudiantes les gustó más _____?

2. ¿Qué categoría recibió menos votos? _____

3. ¿A cuántos estudiantes les gustó más _____ que _____?

4. ¿Cuál es el número total de estudiantes a quienes les gusta más _____

   o _____?

5. ¿Cuántos estudiantes respondieron la pregunta? ¿Cómo lo saben?

Nombre _____ Fecha _____

Recolecta información sobre cosas que tengas. Usa marcas de conteo o números para organizar los datos en la siguiente tabla.

¿Cuántas mascotas tienes?	¿Cuántos cepillos de dientes hay en tu casa?	¿Cuántas almohadas hay en tu casa?	¿Cuántos frascos de salsa de tomate hay en tu casa?	¿Cuántos marcos de fotos hay en tu casa?

- Completa las estructuras de enunciado de pregunta para formular preguntas sobre tus datos.
- Responde tus propias preguntas.

1. ¿Cuántos _____ tienes? (Escoge el objeto que tengas en menor cantidad).

2. ¿Cuántos _____ tienes? (Escoge el objeto que tengas en mayor cantidad).

3. **Juntos**, ¿cuántos marcos de fotos y almohadas tienen?

4. Escribe y responde dos preguntas más usando los datos que recolectaste.

   a. _____?

   b. _____?

Los estudiantes votaron sobre su tipo favorito de museo a visitar. Cada estudiante

Lección 11:   Recolectar, clasificar y organizar datos, luego formular y responder
              preguntas sobre el número de puntos de datos.

57

©2017 Great Minds®. eureka-math.org

pudo votar una sola vez. Responde las preguntas en base a los datos de la tabla.

Museo de Ciencia	☺☺☺☺☺☺
Museo de Arte	☺☺☺☺☺☺☺☺
Museo de Historia	☺☺☺☺☺☺

5. ¿Cuántos estudiantes escogieron museo de arte? _____ estudiantes

6. ¿Cuántos estudiantes eligieron el museo de arte o el museo de ciencia?

_____ estudiantes

7. De estos datos ¿puedes decir cuántos estudiantes están en esta clase? Explica tu razonamiento.

Nombre _____ Fecha _____

Usa los cuadrados sin espacios ni superposiciones para organizar los datos de la imagen. Alinea tus **cuadrados** cuidadosamente.

Sabor de helado favorito   ⬜ = 1 estudiante

Número de estudiantes

Sabores	
⬜ vainilla	
⬛ chocolate	

1. ¿A cuántos estudiantes **más** les gustó el chocolate que la vainilla? _____ estudiantes

2. ¿A cuántos estudiantes en **total** se les preguntó sobre su sabor de helado favorito? _____ estudiantes

Lazos en los zapatos   Número de estudiantes   ⬜ = 1 estudiante

Tipos de lazos en los zapatos		
Velcro	⬜⬜⬜⬜	
Cordones	⬜⬜⬜⬜⬜⬜⬜	
Sin lazos	⬜⬜⬜⬜⬜⬜	

3. Escribe un enunciado numérico para mostrar a cuántos estudiantes en **total** se les preguntó acerca de sus zapatos.

_____

4. Escribe un enunciado numérico para mostrar cuántos estudiantes **menos** tienen velcro en sus zapatos que cordones.

_____

Cada estudiante en la clase agregó una nota adhesiva para mostrar su tipo de mascota favorita. Usa la gráfica para responder las preguntas.

Mascota   = 1 estudiante

perro	pez	gato

Número de estudiantes

5. ¿Cuántos estudiantes eligieron perros o gatos como su mascota favorita?

_____ estudiantes

6. ¿Cuántos estudiantes más eligieron perros como su mascota favorita que gatos?

_____ estudiantes

7. ¿Cuántos estudiantes más eligieron gatos que peces?

_____ estudiantes

Lección 12: Formular y resolver diversos tipos de problemas escritos sobre un conjunto de datos con tres categorías.

©2017 Great Minds®. eureka-math.org

EUREKA MATH

Nombre _____ Fecha _____

La clase tiene 18 estudiantes. El viernes, 9 estudiantes llevaron puestas zapatillas, 6 llevaban puestas sandalias y 3 estudiantes llevaban puestas botas. Usa los cuadrados sin espacios ni superposiciones para organizar los datos. Alinea tus **cuadrados** cuidadosamente.

Zapatos usados el viernes	Número de estudiantes	☐ = 1 estudiante

Zapatos

1. ¿Cuántos estudiantes más llevaban puestas zapatillas que sandalias?

   _____ estudiantes

2. Escribe un enunciado numérico para saber a cuántos estudiantes se les preguntó sobre sus zapatos el viernes.

   _____

3. Escribe un enunciado numérico para mostrar cuántos estudiantes menos llevaban botas que zapatillas.

   _____

EUREKA MATH

Lección 12: Formular y resolver diversos tipos de problemas escritos sobre un conjunto de datos con tres categorías.

©2017 Great Minds®. eureka-math.org

61

El jardín de nuestra escuela ha estado creciendo durante dos meses. La siguiente gráfica muestra los números de cada vegetal que ha sido cosechado hasta ahora.

Vegetales cosechados   = 1 vegetal

4. ¿Cuántos vegetales en total se cosecharon?

_____ vegetales

5. ¿Cuáles vegetales han sido cosechados más?

_____

6. ¿Cuántas remolachas más fueron cosechadas que el maíz?

_____ más remolachas que maíz

7. Cuántas remolachas más se deberían cosechar para tener la misma cantidad que el número de zanahorias cosechadas?

_____

Lección 12:   Formular y resolver diversos tipos de problemas escritos sobre un conjunto de datos con tres categorías.

©2017 Great Minds®. eureka-math.org

EUREKA MATH

Nombre _____ Fecha _____

Usa la gráfica para responder las preguntas. Llena el espacio en blanco y escribe un enunciado numérico a la derecha para resolver el problema.

Clima diario en la escuela   ☐ = 1 día

soleado ☀	lluvioso ☔	nublado ☁

Número de días de clase

1. ¿Cuántos días más fueron nublados que soleados?

    _____ días más fueron nublados que soleados. _____

2. ¿Cuántos días menos fueron nublados que lluviosos?

    _____ días más fueron nublados que soleados. _____

3. ¿Cuántos días más fueron lluviosos que soleados?

    _____ días más fueron lluviosos que soleados. _____

4. ¿Durante cuántos días la clase hizo seguimiento del clima?

    La clase hizo un seguimiento durante un total de _____
    días

5. Si los siguientes 3 días escolares son soleados, ¿cuántos de los días escolares serán soleados en total?

    _____ días serán soleados. _____

Usa la gráfica para responder las preguntas. Llena el espacio en blanco y escribe un enunciado numérico que ayude a resolver el problema.

Fruta favorita   = 1 estudiante

6. ¿Cuántos estudiantes menos eligieron bananas que manzanas?

_____ estudiantes menos eligieron bananas que _____

7. ¿Cuántos estudiantes más eligieron bananas que uvas?

_____ estudiantes más eligieron bananas que _____

8. ¿Cuántos estudiantes menos eligieron uvas que manzanas?

_____ estudiantes menos eligieron uvas que _____

9. Algunos estudiantes más respondieron sobre sus frutas favoritas. Si el número total de estudiantes que respondieron es de 20, ¿cuántos estudiantes más respondieron?

_____ estudiantes más respondieron la pregunta. _____

Lección 13:   Formular y resolver diversos tipos de problemas escritos sobre un conjunto de datos con tres categorías.

©2017 Great Minds®. eureka-math.org

EUREKA MATH

Nombre _____ Fecha _____

Usa la gráfica para responder las preguntas. Llena el espacio en blanco y escribe un enunciado numérico.

 = 1 estudiante

Pedido de almuerzo escolar

almuerzo caliente	sándwich	ensalada

1. ¿Cuántos pedidos más de almuerzo caliente hubo que pedidos de sándwich?

   Hubo _____ pedidos más de almuerzo caliente.   _____

2. ¿Cuántos pedidos menos de ensalada hubo que pedidos de almuerzo caliente?

   Hubo _____ pedidos menos de ensalada.   _____

3. Si 5 estudiantes más piden almuerzo caliente, ¿cuántos pedidos de almuerzo caliente habrá?

   Habrá _____ pedidos de almuerzo caliente.   _____

Usa la tabla para responder las preguntas. Llena los espacios en blanco y escribe un enunciado numérico.

Tipo de libro favorito

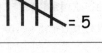 = 5

cuentos de hadas	卌 卌 I
libros de ciencia	卌 III
libros de poesía	卌 卌 卌

4. ¿A cuántos estudiantes más les gustan los cuentos de hadas que los libros de ciencia?

   _____ estudiantes más les gustan los
   cuentos de hadas.   _____

5. ¿A cuántos estudiantes menos les gustan los libros de ciencia que los libros de poesía?

   _____ estudiantes menos les gustan los
   libros de ciencia.   _____

6. ¿Cuántos estudiantes eligieron cuentos de hadas o libros de ciencia en total?

   _____ estudiantes eligieron cuentos de hadas o
   libros de ciencia.   _____

7. ¿Cuántos estudiantes más deberían escoger libros de ciencia para tener el mismo número de libros que los cuentos de hadas?

   _____ estudiantes más deberían escoger libros de
   ciencia.   _____

8. Si 5 estudiantes más llegan tarde y todos escogen cuentos de hadas, será este el libro más popular? Usa un enunciado numérico para mostrar tu respuesta.

   _____

66   Lección 13:   Formular y resolver diversos tipos de problemas escritos sobre un
                         conjunto de datos con tres categorías.

EUREKA MATH™

Eureka Math
1.er grado
Módulo 4

Un agradecimiento especial al Gordon A. Cain Center y al Departamento de Matemáticas de la Universidad Estatal de Luisiana por su apoyo en el desarrollo de *Eureka Math*.

Para obtener un paquete
gratis de recursos de Eureka
Math para maestros,
Consejos para padres y más,
por favor visite
www.Eureka.tools

Publicado por la organización sin fines de lucro Great Minds®.

Copyright © 2017 Great Minds®.

Impreso en EE. UU.

Este libro puede comprarse directamente en la editorial en eureka-math.org

10 9 8 7 6 5 4 3 2 1

ISBN 978-1-68386-200-0

Nombre _____ Fecha _____

Encierra en un círculo grupos de 10. Escribe el número para mostrar la cantidad total de objetos.

1. Hay _____ uvas.	2. Hay _____ zanahorias.
3. Hay _____ manzanas.	4. Hay _____ cacahuetes.
5. Hay _____ uvas.	6. Hay _____ zanahorias.
7. Hay _____ manzanas.	8. Hay _____ cacahuetes.

Haz un vínculo numérico para mostrar decenas y unidades.

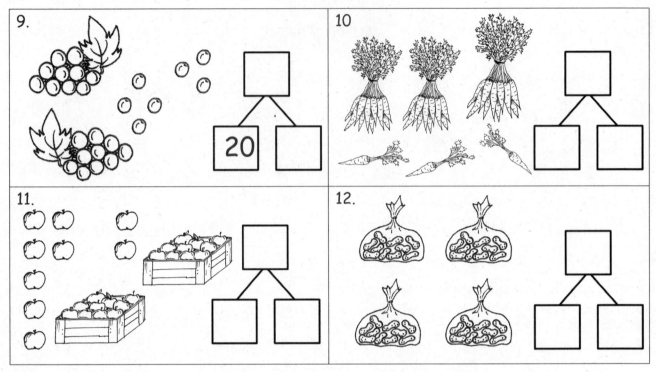

Haz un vínculo numérico para mostrar decenas y unidades. Encierra en un círculo las decenas para ayudar.

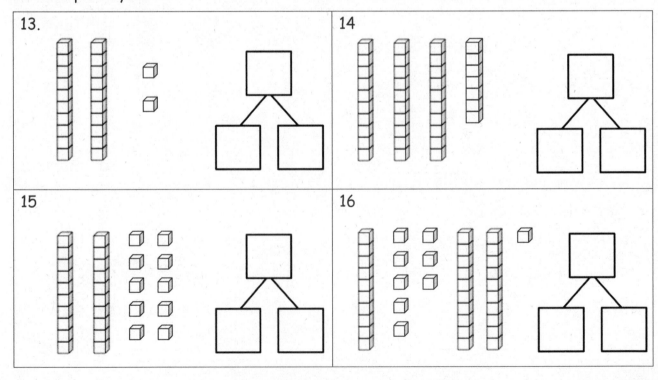

EUREKA MATH™

Nombre _____ Fecha _____

Encierra en un círculo grupos de 10. Escribe el número para mostrar la cantidad total de objetos.

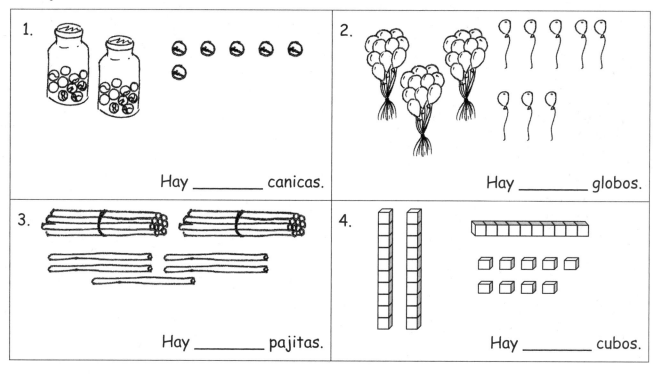

1. Hay _____ canicas.

2. Hay _____ globos.

3. Hay _____ pajitas.

4. Hay _____ cubos.

Haz un vínculo numérico para mostrar decenas y unidades. Encierra en un círculo las decenas para ayudar. Escribe el número para mostrar la cantidad total de objetos.

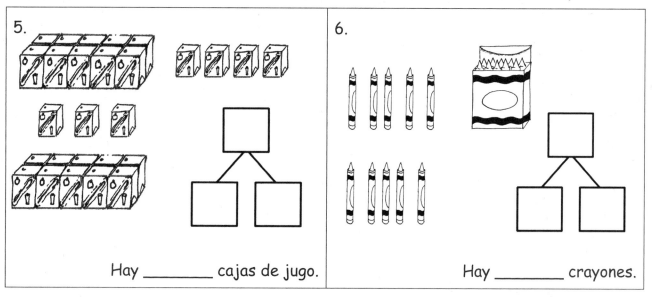

5. Hay _____ cajas de jugo.

6. Hay _____ crayones.

EUREKA MATH™

Lección 1: Comparar la eficacia de contar en unidades y contar en decenas.

69

©2017 Great Minds®. eureka-math.org

Haz un vínculo numérico para mostrar decenas y unidades. Encierra en un círculo las decenas para ayudar. Escribe el número para mostrar la cantidad total de objetos.

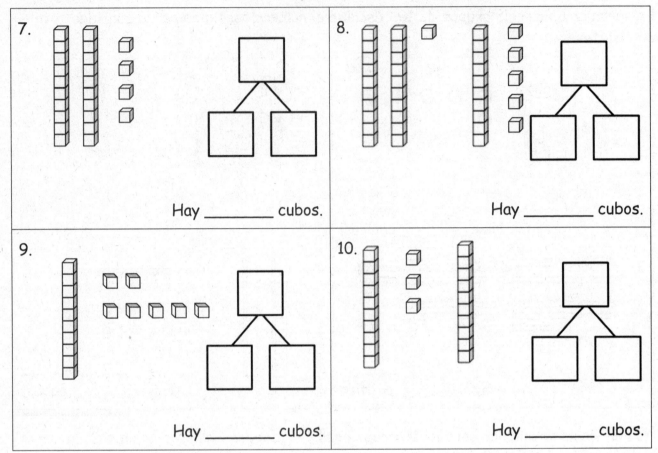

7.

Hay _____ cubos.

8.

Hay _____ cubos.

9.

Hay _____ cubos.

10.

Hay _____ cubos.

Haz o completa un dibujo matemático para mostrar decenas y unidades. Completa los vínculos numéricos.

11.

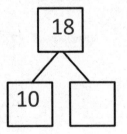

18

10

12.

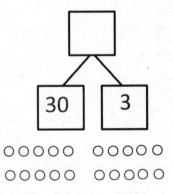

30   3

EUREKA MATH

Nombre _____ Fecha _____

Escribe las decenas y unidades y di los números. Completa la afirmación.

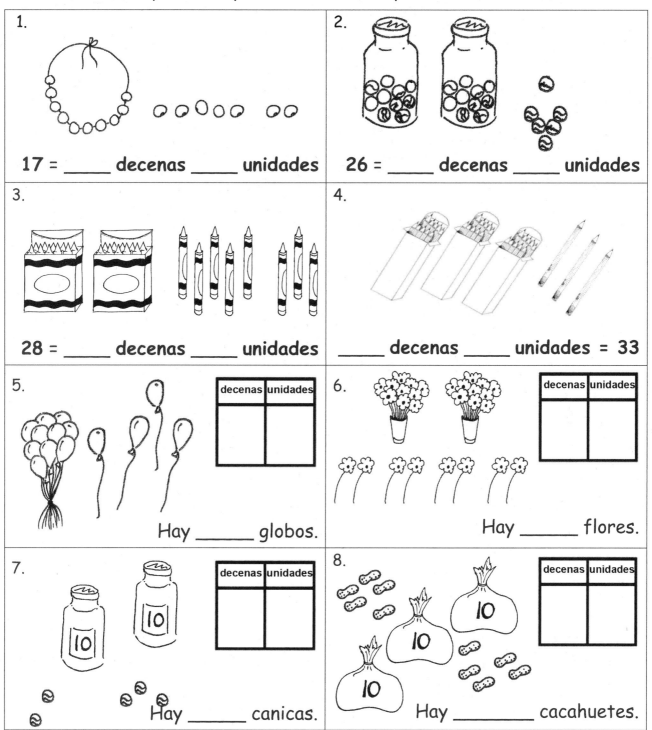

1.

17 = _____ decenas _____ unidades

2.

26 = _____ decenas _____ unidades

3.

28 = _____ decenas _____ unidades

4.

_____ decenas _____ unidades = 33

5.

decenas	unidades

Hay _____ globos.

6.

decenas	unidades

Hay _____ flores.

7.

decenas	unidades

Hay _____ canicas.

8.

decenas	unidades

Hay _____ cacahuetes.

EUREKA MATH™   Lección 2:   Usar la tabla de valor posicional para registrar y nombrar decenas y   71
                                          unidades dentro de un número de dos dígitos.

©2017 Great Minds®. eureka-math.org

Escribe las decenas y unidades. Completa la afirmación.

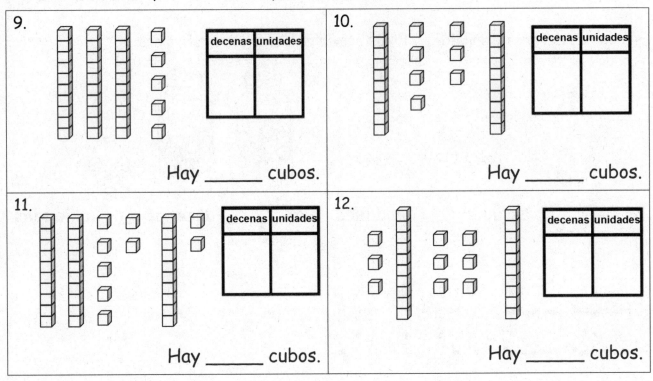

9.
decenas	unidades

Hay _____ cubos.

10.
decenas	unidades

Hay _____ cubos.

11.
decenas	unidades

Hay _____ cubos.

12.
decenas	unidades

Hay _____ cubos.

Escribe los números que faltan. Dilos con el método regular y el método *Say Ten*.

13.
decenas	unidades

➡ 35 _____

14
decenas	unidades
2	7

➡ _____

15.
decenas	unidades
3	9

➡ _____

16.
decenas	unidades

➡ 29 _____

17.
decenas	unidades
	0

➡ 40 _____

18
decenas	unidades

➡ 9 _____

Lección 2:   Usar la tabla de valor posicional para registrar y nombrar decenas y unidades dentro de un número de dos dígitos.

©2017 Great Minds®. eureka-math.org

EUREKA MATH

Nombre _____ Fecha _____

Escribe las decenas y unidades y completa la afirmación.

	decenas	unidades
1.		

Hay _____ pajitas.

	decenas	unidades
2.		

Hay _____ cacahuetes.

	decenas	unidades
3.		

Hay _____ fresas.

	decenas	unidades
4.		

Hay _____ cuentas.

	decenas	unidades
5.		

Hay _____ manzanas.

	decenas	unidades
6.		

Hay _____ zanahorias.

Lección 2: Usar la tabla de valor posicional para registrar y nombrar decenas y unidades dentro de un número de dos dígitos.

73

EUREKA MATH™

Escribe las decenas y unidades. Completa la afirmación.

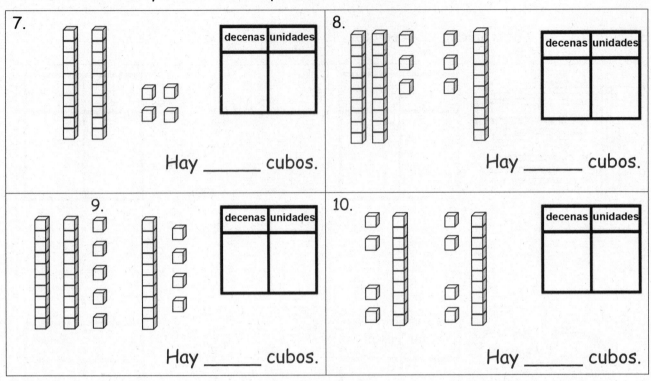

Hay _____ cubos.   Hay _____ cubos.

Hay _____ cubos.   Hay _____ cubos.

Escribe los números que faltan. Dilo con el método regular y el método *Say Ten*.

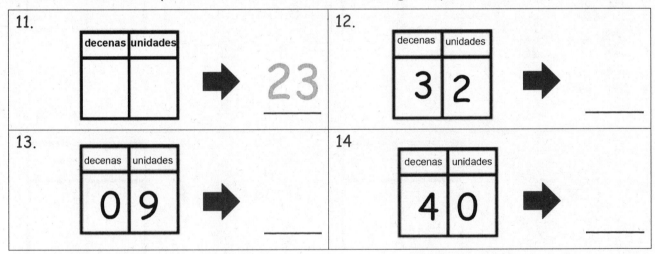

15. Elige un número menor a 40. Haz un dibujo
matemático para representarlo y rellena el vínculo
numérico y la tabla de valor posicional .

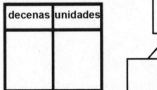
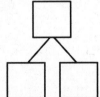

74   Lección 2:   Usar la tabla de valor posicional para registrar y nombrar decenas y
                                       unidades dentro de un número de dos dígitos.

EUREKA MATH

©2017 Great Minds®. eureka-math.org

decenas	unidades

Tabla de valor posicional

          Lección 2:   Usar la tabla de valor posicional para registrar y nombrar decenas y
                                unidades dentro de un número de dos dígitos.   75

©2017 Great Minds®. eureka-math.org

Esta página se dejó en blanco intencionalmente

Nombre _____ Fecha _____

Cuenta tantas decenas como puedan. Completa cada afirmación. Di los números y los enunciados.

1.	2.

_____ decena _____ unidades es lo mismo que _____ unidades.	_____ decenas_____ unidades es lo mismo que _____ unidades.
3.	4.
	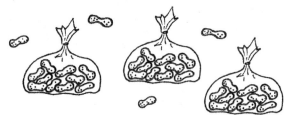
_____ decenas_____ unidades es lo mismo que _____ unidades.	_____ decenas_____ unidades es lo mismo que _____ unidades.
5.	6.
	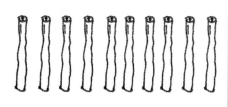
_____ decenas_____ unidades es lo mismo que _____ unidades.	_____ decena _____ unidades es lo mismo que _____ unidades.

EUREKA MATH™

Lección 3: Interpretar números de dos dígitos como decenas y algunas unidades o todos como unidades.

77

©2017 Great Minds®. eureka-math.org

Relaciona.

7. 3 decenas
2 unidades

29 unidades

8.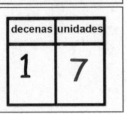

40 unidades

23 unidades

9. 37 unidades

10. 4 decenas

32 unidades

11.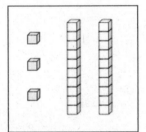

17 unidades

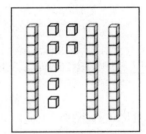

12. 9 unidades
2 decenas

Rellena los números que faltan.

13 **15**

decenas	unidades

  _____ unidades

14 _____   ____ decenas ____ unidades   39 unidades

Lección 3:   Interpretar números de dos dígitos como decenas y algunas unidades o
todos como unidades.

EUREKA
MATH™

Nombre _____ Fecha _____

Cuenta tantas decenas como puedas. Completa cada afirmación. Di los números y los enunciados.

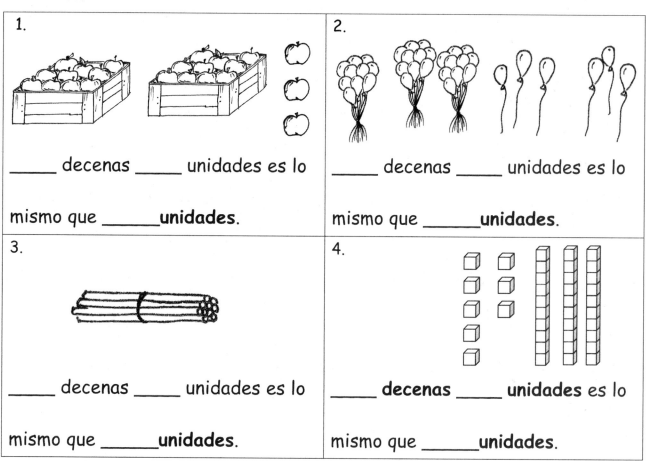

1.

_____ decenas _____ unidades es lo

mismo que _____**unidades**.

2.

_____ decenas _____ unidades es lo

mismo que _____**unidades**.

3.

_____ decenas _____ unidades es lo

mismo que _____**unidades**.

4.

_____ **decenas** _____ **unidades** es lo

mismo que _____**unidades**.

Rellena los números que faltan.

5.   _____

decenas	unidades
2	9

 _____ unidades

EUREKA
MATH™

Lección 3:   Interpretar números de dos dígitos como decenas y algunas unidades o
            todos como unidades.

79

©2017 Great Minds®. eureka-math.org

6. **34** ➡ ____ decenas ____ unidades ➡ _____ unidades

7. _____ ➡

decenas	unidades

➡ _____ unidades

8. _____ ➡ 9 unidades 3 decenas ➡ _____ unidades

9. _____ ➡ ____ unidades ____ decenas ➡ **40** unidades

10. Elige por lo menos un número menor que 40. Dibuja el número de 3 formas:

Como uvas:	En un vínculo numérico:	En la tabla de valor posicional:
	∧	decenas unidades

   Lección 3:   Interpretar números de dos dígitos como decenas y algunas unidades o todos como unidades.

EUREKA MATH™

Nombre _____ Fecha _____

Rellena el vínculo numérico. Completa los enunciados.

1.

20 y 3 hacen _____.

20 + 3 = ____

2.

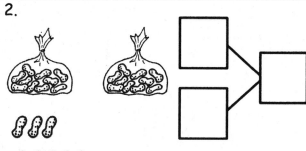

20 y 8 hacen ____.

20 + 8 = ____

3.

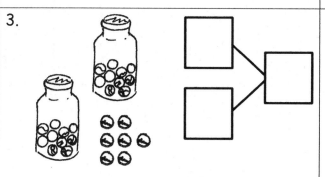

20 + 7 = ____

7 más que 20 es _____.

4.

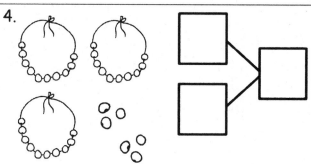

30 + 6 = ____

6 más que 30 es _____.

5.

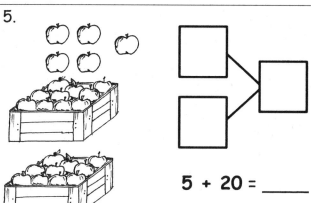

5 + 20 = ____

20 más que 5 es _____.

6.

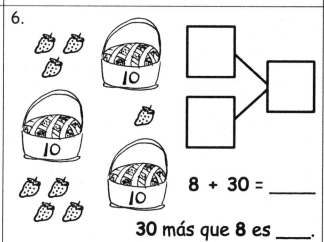

8 + 30 = ____

30 más que 8 es ____.

Lección 4: Escribir e interpretar números de dos dígitos como enunciados de suma que combinan decenas y unidades.

81

EUREKA MATH™

©2017 Great Minds®. eureka-math.org

Escribe las decenas y unidades. Luego, escribe un enunciado de suma para agregar las decenas y unidades.

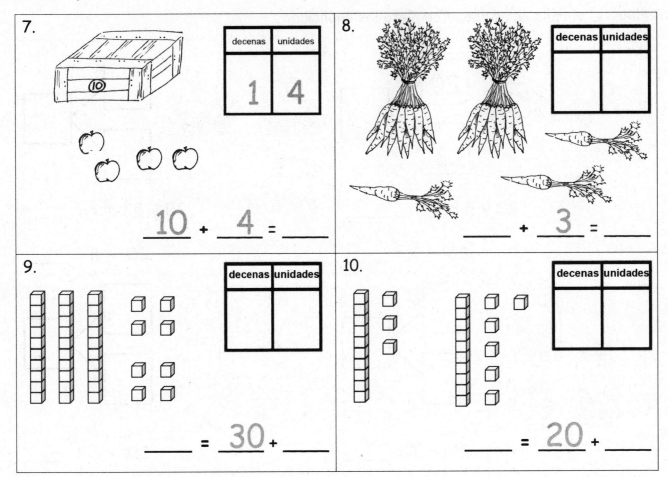

Relacionar.

11.   4 decenas •   • 20 + 7

12.   2 decenas 7 unidades •   • 40

13.   3 más que 20 •   • 20 + 3

14.   9 unidades 3 decenas •   • 2 + 30

15.   2 unidades 3 decenas •   • 9 + 30

EUREKA MATH™

Nombre _____ Fecha _____

Rellena el vínculo numérico o escribe las decenas y unidades. Completa los enunciados de suma.

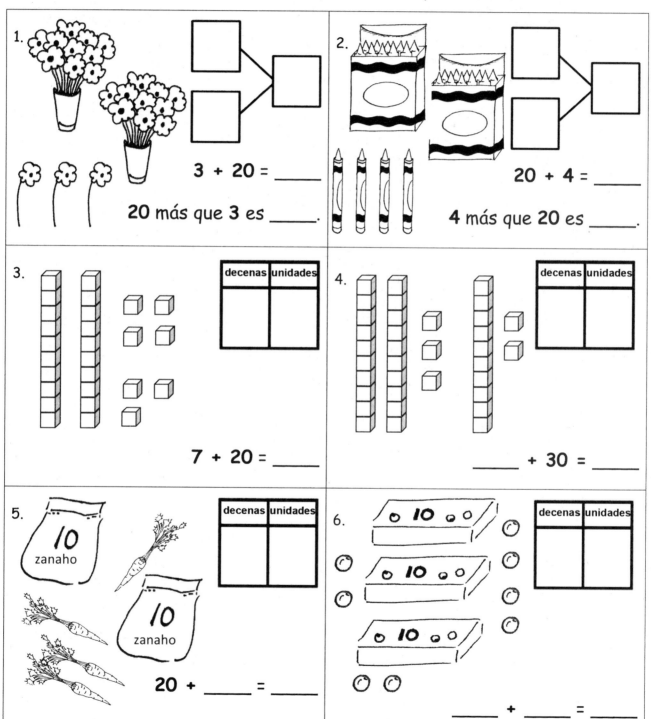

1.

3 + 20 = _____

20 más que 3 es _____.

2.

20 + 4 = _____

4 más que 20 es _____.

3.

decenas	unidades

7 + 20 = _____

4.

decenas	unidades

_____ + 30 = _____

5.

decenas	unidades

10 zanaho

10 zanaho

20 + _____ = _____

6.

decenas	unidades

_____ + _____ = _____

EUREKA MATH   Lección 4:   Escribir e interpretar números de dos dígitos como enunciados de   83
                                 suma que combinan decenas y unidades.

©2017 Great Minds®. eureka-math.org

Relaciona las imágenes con las palabras.

7.

• • 1 y 30 hacen _____.

8.

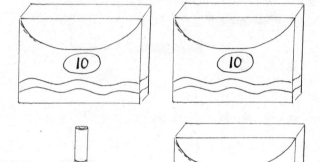

• • 8 + 30 = _____.

9.

• • 2 más que 10 es _____.

10.

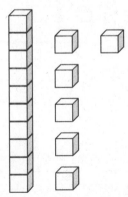 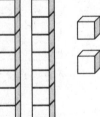

• • 20 + 4 = _____.

Lección 4:   Escribir e interpretar números de dos dígitos como enunciados de suma que combinan decenas y unidades.

EUREKA MATH

Nombre _____ Fecha _____

Escribe el número.

1.

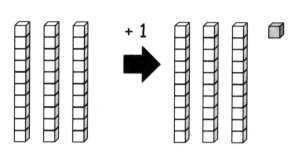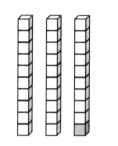

1 más que 30 es _____.

2.

1 menos que 30 es _____.

3.

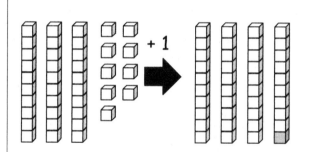

1 más que 39 es _____.

4.

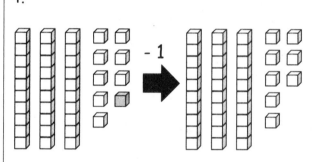

1 menos que 39 es _____.

5.

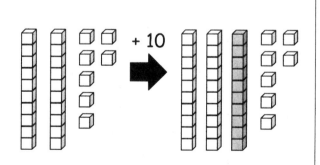

10 más que 27 es _____.

6.

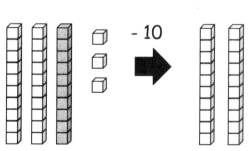

10 menos que 33 es _____.

EUREKA MATH™

Lección 5:   Identificar 10 más, 10 menos, 1 más y 1 menos que un número de dos dígitos.

85

©2017 Great Minds®. eureka-math.org

Dibuja 1 más o 10 más. Puedes usar una decena rápida para mostrar 10 más.

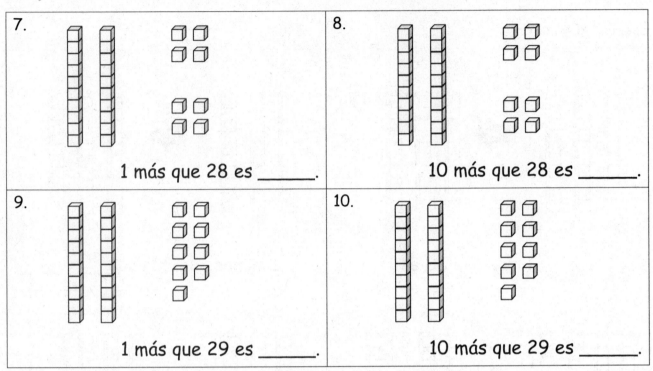

7.

1 más que 28 es _____.

8.

10 más que 28 es _____.

9.

1 más que 29 es _____.

10.

10 más que 29 es _____.

Tacha con (x) para mostrar 1 menos o 10 menos.

11.

10 menos que 26 es _____.

12.

1 menos que 26 es _____.

13.

10 menos que 40 es _____.

14

1 menos que 40 es _____.

Lección 5:   Identificar 10 más, 10 menos, 1 más y 1 menos que un número de dos dígitos.

EUREKA MATH™

Nombre _____ Fecha _____

Dibuja decenas rápidas y unidades para mostrar el número. Luego, dibuja 1 más o 10 más.

1. 1 más que 38 es _____.	2. 10 más que 38 es _____.
3. 1 más que 35 es _____.	4. 10 más que 35 es _____.

Dibuja decenas rápidas y unidades para mostrar el número. Tacha con (x) para mostrar 1 menos o 10 menos.

5. 10 menos que 23 es _____.	6. 1 menos que 23 es _____.
7. 10 menos que 31 es _____.	8. 1 menos que 31 es _____.

Lección 5:   Identificar 10 más, 10 menos, 1 más y 1 menos que un número de dos dígitos.

©2017 Great Minds®. eureka-math.org

87

Relaciona las palabras con la imagen que muestra la cantidad correcta.

9.

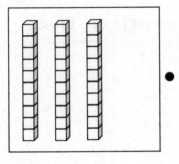

●

● 1 menos que 30

10.

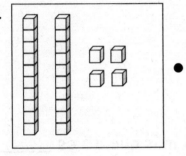

●

● 1 más que 23

11.

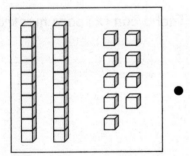

●

● 10 menos que 36

12.

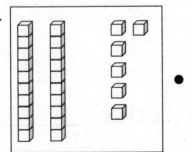

●

● 10 más que 20

Lección 5: Identificar 10 más, 10 menos, 1 más y 1 menos que un número de dos dígitos.

EUREKA MATH™

decenas	unidades

decenas	unidades

tablas de valor posicional doble

Esta página se dejó en blanco intencionalmente

Nombre _____ Fecha _____

Rellena la tabla de valor posicional y los espacios en blanco.

1. 	decenas | unidades 20 = _____ decenas
2. 	decenas | unidades 14 = _____decena y _____unidades
3. 	monedas de 10 centavos | monedas de 1 centavo _____ = 3 **decenas** 5 **unidades**
4. 	monedas de 10 centavos | monedas de 1 centavo _____ = 2 **decenas** 6 **unidades**
5. 	monedas de 10 centavos | monedas de 1 centavo _____ = _____ decenas _____ unidades
6. 	monedas de 10 centavos | monedas de 1 centavo _____ = _____ decenas _____ unidades
7. 	monedas de 10 centavos | monedas de 1 centavo _____ = _____ decenas _____ unidades
8. 	monedas de 10 centavos | monedas de 1 centavo _____ decenas _____ unidades =

 EUREKA MATH™

Lección 6:   Usar monedas de 10 centavos y de 1 centavo como representaciones de decenas y unidades.

91

©2017 Great Minds®. eureka-math.org

Llena el espacio en blanco. Dibuja o tacha decenas o unidades según sea necesario.

10 más que 25 es __35__.

9.

1 más que 15 es _____.

10.

10 más que 5 es _____.

11.

10 más que 30 es _____.

12.

1 más que 30 es _____.

13.

1 menos que 24 es _____.

14.

10 menos que 24 es _____.

15.

10 menos que 21 es _____.

16.

1 menos que 21 es _____.

EUREKA MATH™

Nombre _____ Fecha _____

Rellena la tabla de valor posicional y los espacios en blanco.

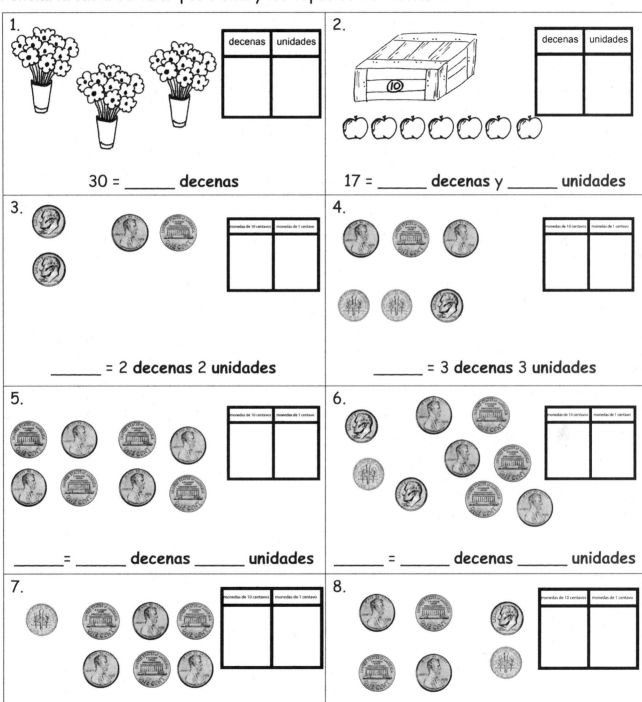

1.

decenas	unidades

30 = _____ decenas

2.

decenas	unidades

17 = _____ decenas y _____ unidades

3.

monedas de 10 centavos	monedas de 1 centavo

_____ = 2 **decenas** 2 **unidades**

4.

monedas de 10 centavos	monedas de 1 centavo

_____ = 3 **decenas** 3 **unidades**

5.

monedas de 10 centavos	monedas de 1 centavo

_____ = _____ decenas _____ unidades

6.

monedas de 10 centavos	monedas de 1 centavo

_____ = _____ decenas _____ unidades

7.

monedas de 10 centavos	monedas de 1 centavo

_____ = _____ decenas _____ unidades

8.

monedas de 10 centavos	monedas de 1 centavo

_____ decenas _____ unidades = _____

Lección 6:   Usar monedas de 10 centavos y de 1 centavo como representaciones
de decenas y unidades.

93

©2017 Great Minds®. eureka-math.org

Llena el espacio en blanco. Dibuja o tacha decenas o unidades según sea necesario.

10 más que 25 es **35**.

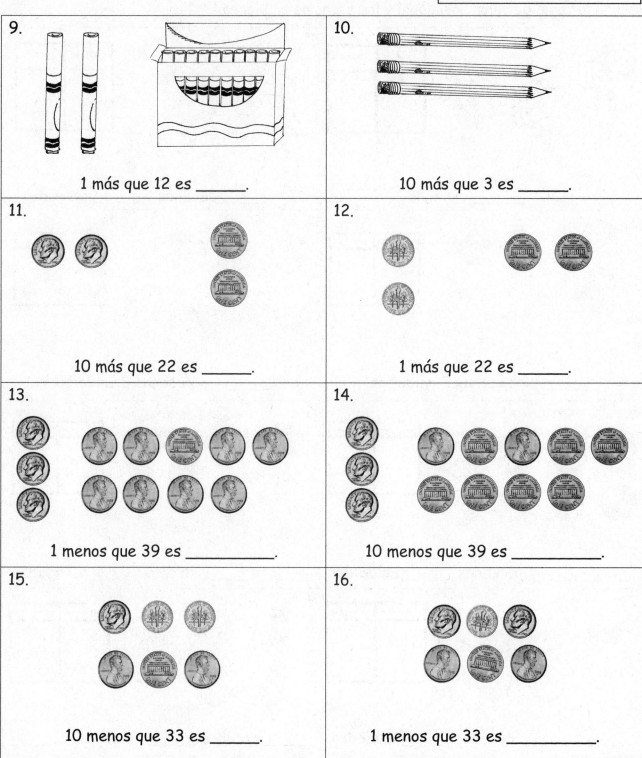

9.

1 más que 12 es _____.

10.

10 más que 3 es _____.

11.

10 más que 22 es _____.

12.

1 más que 22 es _____.

13.

1 menos que 39 es _____.

14.

10 menos que 39 es _____.

15.

10 menos que 33 es _____.

16.

1 menos que 33 es _____.

Lección 6:   Usar monedas de 10 centavos y de 1 centavo como representaciones de decenas y unidades.

©2017 Great Minds®. eureka-math.org

EUREKA MATH™

monedas de 10 centavos	monedas de 1 centavo

decenas	unidades

moneda y tablas de valor posicional

Lección 6: Usar monedas de 10 centavos y de 1 centavo como representaciones de decenas y unidades.

95

©2017 Great Minds®. eureka-math.org

Esta página se dejó en blanco intencionalmente

Nombre _____ Fecha _____

Por cada par, escribe el número de objetos en cada conjunto. Luego, encierra en un círculo con el número *mayor* de elementos.

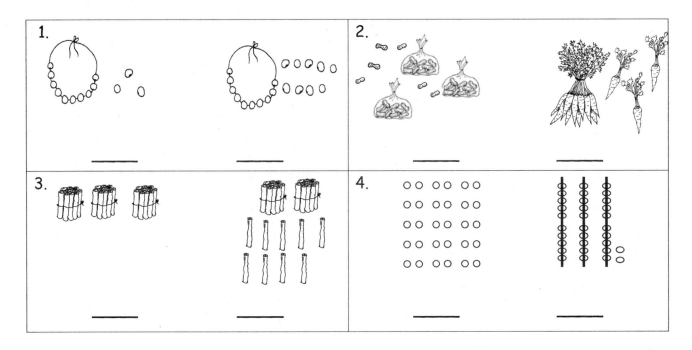

5. Encierra en un círculo el número que sea *mayor* en cada par.

    a.   1 decena 2 unidades   3 decenas 2 unidades

    b.   2 decenas 8 unidades   3 decenas 2 unidades

    c.   19   15

    d.   31   26

6. Encierra en un círculo el conjunto de monedas que tiene un valor *mayor*.

3 monedas de 10 centavos   3 monedas de un centavo

 Lección 7:   Comparar dos cantidades e identificar el mayor o el menor de dos números determinados.

©2017 Great Minds®. eureka-math.org

97

Por cada par, escribe el número de elementos en cada conjunto. Encierra en un círculo el conjunto con *menos* elementos.

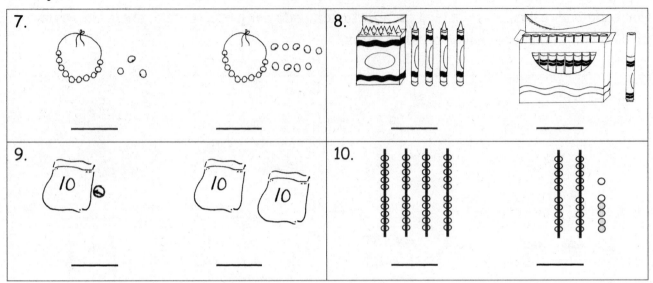

7. _____ _____

8. _____ _____

9. _____ _____

10. _____ _____

11. Encierra en un círculo el número que sea *menor* en cada par

    a.   2 decenas 5 unidades   1 decena 5 unidades

    b.   28 unidades   3 decenas 2 unidades

    c.   18   13

    d.   31   26

12. Encierra en un círculo el conjunto de monedas que tiene *menos* valor.

   1 moneda de 10 centavos   2 monedas de 1

13. Encierra en un círculo la cantidad que es *menor*. Dibuja o escribe para mostrar cómo lo sabes.

            32   17

Lección 7: Comparar dos cantidades e identificar el mayor o el menor de dos números determinados.

Nombre _____ Fecha _____

Escribe el número y encierra en un círculo el conjunto que sea mayor en cada par. Di una afirmación para comparar los dos conjuntos.

1.
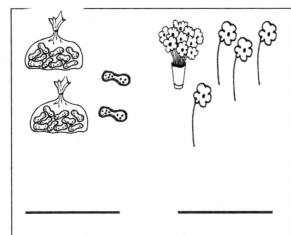

_____   _____

2.
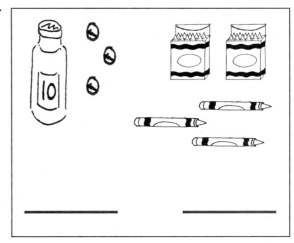

_____   _____

Encierra en un círculo el número que sea *mayor* para cada par.

3.

3 decenas 8 unidades.	3 decenas 9 unidades.

4.

25	35

5. Escribe el valor y encierra en un círculo el conjunto de monedas que tenga un valor *mayor*.

_____   _____

EUREKA MATH™

Lección 7:   Comparar dos cantidades e identificar el mayor o el menor de dos números determinados.

99

©2017 Great Minds®. eureka-math.org

Escribe el número y encierra en un círculo el conjunto que sea menor en cada par. Di una afirmación para comparar los dos conjuntos.

6.
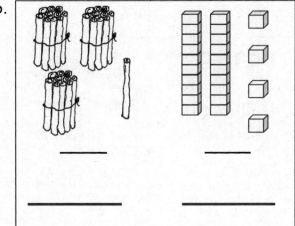

_____   _____

_____   _____

7.
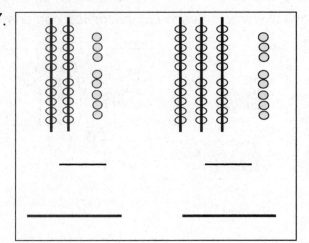

_____   _____

_____   _____

Encierra en un círculo el número que sea *menor* para cada par.

8.

2 decenas 7 unidades	3 decenas 7 unidades

9.

22	29

10. Escribe el valor y encierra en un círculo el conjunto de monedas que tenga el valor *menor*.

_____   _____

EUREKA MATH™

11. Katelyn y Johnny están jugando la comparación con tarjetas. Ellos han registrado los totales para cada ronda. Para cada ronda, encierra en un círculo el total que ganó las tarjetas y escribe la afirmación. El primer problema ya está resuelto.

RONDA 1: El total que es **mayor** gana.

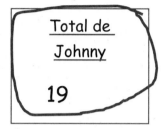

Total de Katelyn	Total de Johnny
16	19

19 es mayor que 16.

a. RONDA 2: El total que es **menor** gana.

Total de Katelyn	Total de Johnny
27	24

_____

b. RONDA 3: El total que es **mayor** gana.

Total de Katelyn	Total de Johnny
32	22

_____

c. RONDA 4: El total que es **menor** gana.

Total de Katelyn	Total de Johnny
29	26

_____

d. Si el total de Katelyn es 39 y el total de Johnny tiene 3 decenas 9 unidades, ¿quién tendría un total mayor? Haz un dibujo matemático para explicar cómo lo sabes.

Esta página se dejó en blanco intencionalmente

Nombre _____ Fecha _____

Banco de palabras

1. Dibuja decenas rápidas y unidades para mostrar cada número.
   Pon nombre al primer dibujo como menor que (L), mayor que (G),
   o igual a (E) el segundo. Escribe una frase del banco de
   palabras para comparar los números.

   | |
   | es mayor que |
   | es menor que |
   | es igual a |

   a.

   20 _____ 18

   b.
   2 decenas   3 decenas

   2 decenas _____

   3 decenas

   c.
   24   15

   24 _____ 15

   d.
   26   32

   26 _____ 32

2. Escribe una frase del banco de palabras para comparar los números.

   36 _____ 3 decenas 6 unidades

   1 decena 8 unidades _____ 3 decenas 1 unidad

Lección 8:   Comparar cantidades y números de izquierda a derecha.

©2017 Great Minds®. eureka-math.org

103

38 _____ 26

1 decena 7 unidades _____ 27

15 _____ 1 decena 2 unidades

30 _____ 28

29 _____ 32

3. Coloca los siguientes números en orden desde el *menor* hasta el *mayor*. Tacha cada
    número después de haberlo usado.

9	40	32	13	23

4. Coloca los siguientes números en orden desde el *mayor* hasta el *menor*. Tacha cada
    número después de haberlo usado.

9	40	32	13	23

5. Usa los dígitos 8, 3, 2 y 7 para hacer 4 números diferentes
    de dos dígitos menores a 40. Escríbelos en orden desde el
    mayor hasta el *menor*.

8, 3 2 7

Ejemplos: 32, 27,...

EUREKA
MATH

Nombre _____ Fecha _____

1. Dibuja los números usando decenas rápidas y círculos. Usa las frases del banco de palabras para completar las estructuras de enunciado para comparar los números. El primer problema ya está resuelto.

Banco de palabras
es mayor que
es menor que
es igual a

a. 20 ‖‖ 30 ‖‖‖	b. 14 22
20 ___es menor que___ 30	14 _____ 22
c. 15 1 decena 5 unidades	d. 39 29
15 _____ 1 decena 5 unidades	39 _____ 29
e. 31 13	f. 23 33
31 _____ 13	23 _____ 33

2. Encierra en un círculo los números que son *mayores* que **28**.

   32   29   2 decenas 8 unidades   4 decenas   18

3. Encierra en un círculo los números que son *menores* que **31**.

   29   3 decenas 6 unidades   3 decenas   13   3 decenas 9 unidades

4. Escribe los números en orden desde el *menor* hasta el *mayor*.

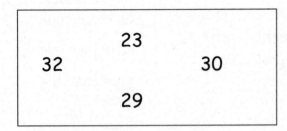

23
32   30
29

_____ _____ _____ _____

¿Dónde iría el número 27 en este orden? Usa palabras o reescribe los números para explicar.

5. Escribe los números en orden desde el mayor hasta el menor.

40
13   30
31

_____ _____ _____ _____

¿Dónde iría el número 23 en este orden? Usa palabras o reescribe los números para explicar.

6. Usa los dígitos 9, 4, 3 y 2 para hacer 4 números diferentes de dos dígitos menores de 40. Escríbelos en orden desde el *menor* hasta el *mayor*.

9 3 4 2

Ejemplos: 34, 29,...

Lección 8:   Comparar cantidades y números de izquierda a derecha.

EUREKA MATH

©2017 Great Minds®. eureka-math.org

Nombre _____ Fecha _____

1. Encierra en un círculo el caimán que se está comiendo el número *mayor*.

a.	b.	c.	d.
40 > < 20	10 > < 30	18 > < 14	19 > < 36

2. Escribe los números en los espacios en blanco de modo que el caimán esté comiendo el número mayor. Con un compañero, compara los números en voz alta, usando *es mayor que*, *es menor que* o *es igual a*. Recuerda comenzar con el número a la izquierda.

a. 24 4	b. 38 36	c. 15 14
___ > ___	___ < ___	___ < ___
d. 20 2	e. 36 35	f. 20 19
___ > ___	___ < ___	___ > ___
g. 31 13	h. 23 32	i. 21 12
___ > ___	___ < ___	___ < ___

3. Si el caimán se está comiendo el número *mayor*, enciérralo en un círculo. De lo contrario, dibuja de nuevo el caimán.

a.
$$20 > 19$$

b.
$$32 < 23$$

4. Completa las gráficas de modo que el caimán se esté comiendo un número *mayor*.

a.
decenas	unidades
1	2

>

decenas	unidades
1	

b.
decenas	unidades
2	7

>

decenas	unidades
2	

c.
decenas	unidades
2	5

>

decenas	unidades
	5

d.
decenas	unidades
	8

<

decenas	unidades
3	8

e.
decenas	unidades
2	1

>

decenas	unidades
	2

f.
decenas	unidades
2	4

<

decenas	unidades
	4

g.
decenas	unidades
1	8

>

decenas	unidades
	5

h.
decenas	unidades
2	1

>

decenas	unidades
	9

i.
decenas	unidades
	7

<

decenas	unidades
2	1

j.
decenas	unidades
1	4

>

decenas	unidades
	4

Lección 9:   Usar los símbolos >, = y < para comparar cantidades y números.

EUREKA
MATH™

Nombre _____ Fecha _____

1. Escribe los números en los espacios en blanco de modo que el caimán esté comiendo el número mayor. Lee el enunciado numérico, usando *es mayor que, es menor que,* o *es igual a.* Recuerda comenzar con el número a la izquierda.

a.	b.	c.
10 20	15 17	24 22
___ > ___	___ < ___	___ > ___

d.	e.	f.
29 30	39 38	39 40
___ > ___	___ < ___	___ < ___

2. Completa las gráficas de modo que el caimán se esté comiendo un número *mayor*.

a.		b.	
decenas unidades: 1 | 8 > decenas unidades: 1 |		decenas unidades: 2 | 4 < decenas unidades: | 3	

c.		d.	
decenas unidades: | > decenas unidades: |		decenas unidades: 2 | 3 > decenas unidades: 2 |	

e.		f.	
decenas unidades: | < decenas unidades: |		decenas unidades: 1 | 7 > decenas unidades: | 7	

EUREKA MATH

Lección 9:   Usar los símbolos >, = y < para comparar cantidades y números.

109

©2017 Great Minds®. eureka-math.org

Compara cada conjunto de números relacionando con el caimán correcto o frase correcta para hacer que un enunciado numérico sea verdadero. Comprueba tu trabajo leyendo el enunciado de izquierda a derecha.

3.

| 16 | 17 |

| 31 | 23 |

| 35 | 25 |

es menor que

| 12 | 21 |

| 22 | 32 |

es mayor que

| 29 | 30 |

| 39 | 40 |

Lección 9: Usar los símbolos >, = y < para comparar cantidades y números.

EUREKA MATH

Nombre _____ Fecha _____

1. Usa los símbolos para comparar los números. Llena el espacio en blanco con <, > o =
    para hacer que un enunciado numérico sea verdadero. Lee los enunciados numéricos
    de izquierda a derecha.

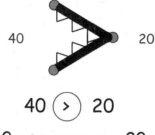

40 (>) 20

40 es mayor que 20.

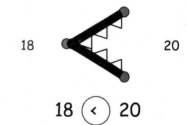

18 (<) 20

18 es menor que 20.

a. 27 ◯ 24	b. 31 ◯ 28	c. 10 ◯ 13
d. 13 ◯ 15	e. 31 ◯ 29	f. 38 ◯ 18
g. 27 ◯ 17	h. 32 ◯ 21	i. 12 ◯ 21

2. Encierra en un círculo las palabras correctas para hacer que el enunciado sea verdadero. Usa >, < o = y
los números para escribir un enunciado numérico verdadero. El primer problema ya está resuelto.

a.

36

es mayor que

es menor que

(es igual a)

3 decenas

6 unidades

___36___ (=) ___36___

b.

1 decena

4 unidades

es mayor que

es menor que

es igual a

179

_____ ( ) _____

c.

2 decenas

4 unidades

es mayor que

es menor que

es igual a

34

_____ ( ) _____

d.

20

es mayor que

es menor que

es igual a

2 decenas

0 unidades

_____ ( ) _____

e.

31

es mayor que

es menor que

es igual a

13

_____ ( ) _____

f.

12

es mayor que

es menor que

es igual a

21

_____ ( ) _____

g.

17

es mayor que

es menor que

es igual a

3 unidades

1 decena

_____ ( ) _____

h.

30

es mayor que

es menor que

es igual a

0 decenas

30 unidades

_____ ( ) _____

Lección 10:   Usar los símbolos >, = y < para comparar cantidades y números.

EUREKA
MATH™

Nombre _____ Fecha _____

Usa los símbolos para comparar los números. Llena el espacio en blanco con <, > o = para hacer que un enunciado numérico sea verdadero. Completa el enunciado numérico con una frase del banco de palabras.

Banco de palabras

| es mayor que |
| es menor que |
| es igual a |

40 (>) 20
40 es mayor que 20.

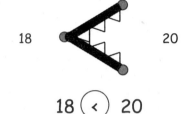

18 (<) 20
18 es menor que

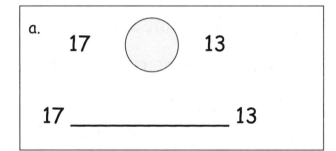

a.
17 ( ) 13

17 _____ 13

b.
23 ( ) 33

23_____ 33

c.
36 ( ) 36

36 _____ 36

d.
25 ( ) 32

25 _____ 32

e.
38 ( ) 28

38 _____ 28

f.
32 ( ) 23

32 _____ 23

EUREKA MATH™

Lección 10:   Usar los símbolos >, = y < para comparar cantidades y números.

113

©2017 Great Minds®. eureka-math.org

g.
1 decena 5 unidades   14

1 decena 5 unidades _____ 14

h.
3 decenas   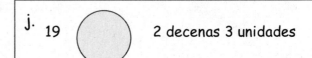   30   33

3 decenas _____ 30

i.
29   2 decenas 7 unidades

29 _____ 2 decenas 7 unidades

j.
19   2 decenas 3 unidades

19 _____ 2 decenas 3 unidades

3 decenas 1 unidad   13

3 decenas 1 unidad _____ 13

35   3 decenas 5 unidades

35 _____ 3 decenas 5 unidades

m.
2 decenas 3 unidades   32

2 decenas 3 unidades _____ 32

n.
3 decenas   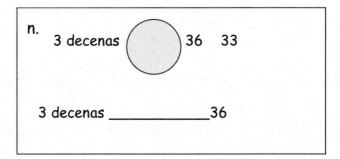   36   33

3 decenas _____36

o.
29   3 decenas 9 unidades

29 _____ 3 decenas 9 unidades

p.
4 decenas   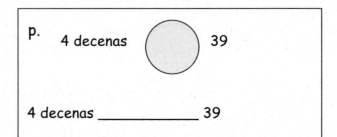   39

4 decenas _____ 39

EUREKA MATH

Nombre _____ Fecha _____

Completa los vínculos numéricos y los enunciados numéricos para que coincidan con la imagen. El primer problema ya está resuelto.

1.

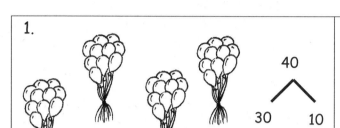

3 decenas + 1 decena = 4 decenas

30 + 10 = 40

2.

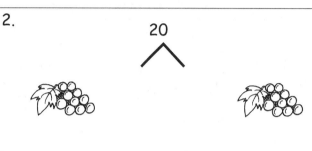

____ decena + ____ decena = ____ decenas

_____

3.

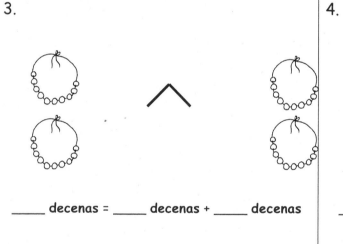

____ decenas = ____ decenas + ____ decenas

_____

4.

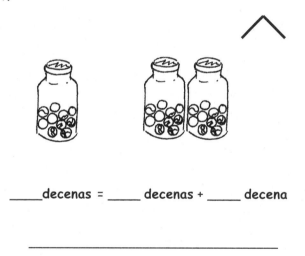

____ decenas = ____ decenas + ____ decena

_____

5.

____ decenas - ____ decena = ____ decenas

_____

6.

____ decenas- ____ decenas = ____ decenas

_____

7.

____ decenas + ____ decena = ____ decenas

_____

8.

____ decenas - ____ decena = ____ decenas

_____ + _____

9.

____ decenas - ____ decenas = ____ decena

_____

10.

____ decena - ____ decenas = ____ decena

_____

EUREKA MATH™

11. Rellena los números que faltan. Relaciona las operaciones de suma y resta.

   a. 4 decenas – 2 decenas = _____   2 decenas + 1 decena = 3 decenas

   b. 40 – 30 = _____   30 + 10 = 40

   c. 30 – 20 = _____   20 + 20 = 40

12. Rellena los números que faltan.

   a. 20 + 20 = _____   b. 30 – 20 = _____   c. 10 + _____ = 40

   d. 20 - _____ = 0   e. 40 - _____ = 10   f. _____ + _____ = 30

Nombre _____ Fecha _____

Dibuja un vínculo numérico y completa los enunciados numéricos para hacer coincidir las imágenes.

1.

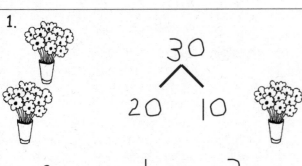

30

20   10

__2__decenas + __1__ decena = __3__ decenas

20 + 10 = 30

2.

____ decenas = ____ decena + ____ decenas

_____

3.

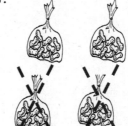

____ decenas - ____ decena = ____ decenas

_____

4.

____ decenas - ____ decenas = ____ decenas

_____

5.

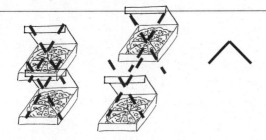

____ decenas - ____ decenas = ____ decenas

_____

6.

____ decenas + ____ decenas = ____ decenas

_____

EUREKA MATH

Dibuja decenas rápidas y un vínculo numérico para poder resolver los enunciados numéricos.

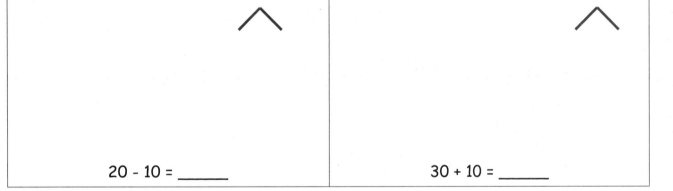

7.

10 + 20 = _____

8.

30 – 10 = _____

9.

20 – 10 = _____

10.

30 + 10 = _____

Sumar o restar

11. 2 decenas + 1 decena = _____   12. 20 + 20 = _____   13. 40 – 10 = _____

14. _____ = 20 + 10   15. 3 decenas – 2 decenas = _____   16. 20 – 10 = _____

17. 10 – 10 = _____   18. _____ = 30 + 10   19. 40 – 30 = _____

Esta página se dejó en blanco intencionalmente

_____ ◯ _____ ◯ _____

_____decenas ◯ _____decenas ◯ _____decenas

_____ ◯ _____ ◯ _____

conjunto de vínculos numéricos/enunciados numéricos

Esta página se dejó en blanco intencionalmente

Nombre _____ Fecha _____

Rellena los números que faltan para coincidir con la imagen. Escribe el vínculo numérico que coincide.

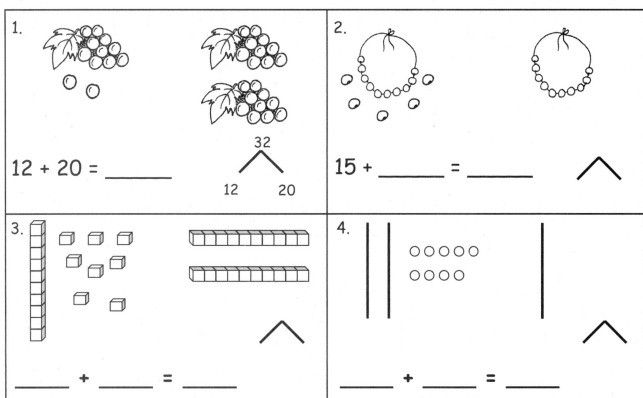

1. 12 + 20 = _____

32
12   20

2. 15 + _____ = _____

3. _____ + _____ = _____

4. _____ + _____ = _____

Dibuja usando unidades y decenas rápidas. Completa el vínculo numérico y escribe la suma en la tabla de valor posicional y el enunciado numérico.

5. 19 + 10 = _____

decenas | unidades

6. 20 + 14 = _____

decenas | unidades

Use la notación de flecha para resolver.

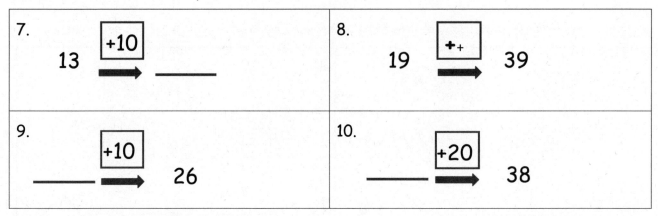

7.
13   +10   _____

8.
19   +₊   39

9.
_____   +10   26

10.
_____   +20   38

Usa las monedas de 1 centavo y de 10 centavos para completar las tablas de valor posicional y los enunciados numéricos.

11.

decenas	unidades

+

decenas	unidades

=

decenas	unidades

12.

decenas	unidades

+

decenas	unidades

=

decenas	unidades

Lección 12:   Sumar decenas a un número de dos dígitos.

EUREKA MATH™

Nombre _____ Fecha _____

Rellena los números que faltan para coincidir con la imagen. Completa el vínculo numérico para que coincida.

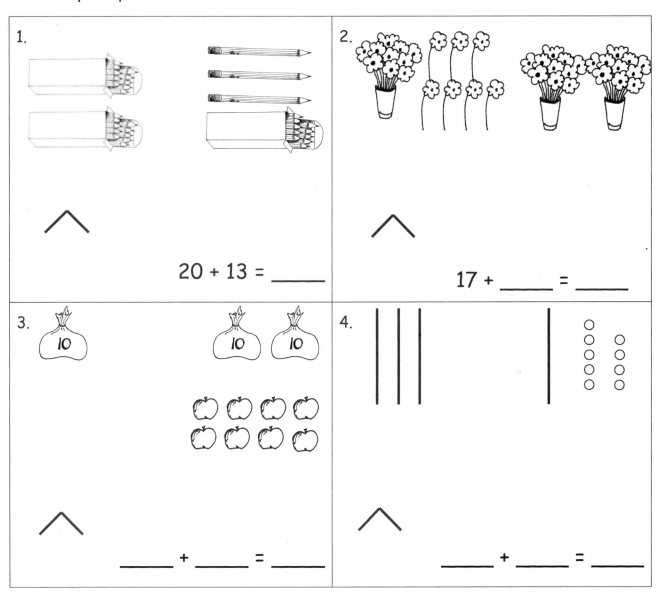

1.

$$20 + 13 = \underline{}$$

2.

$$17 + \underline{} = \underline{}$$

3.

$$\underline{} + \underline{} = \underline{}$$

4.

$$\underline{} + \underline{} = \underline{}$$

Dibuja usando unidades y decenas rápidas. Completa el vínculo numérico y el enunciado numérico.

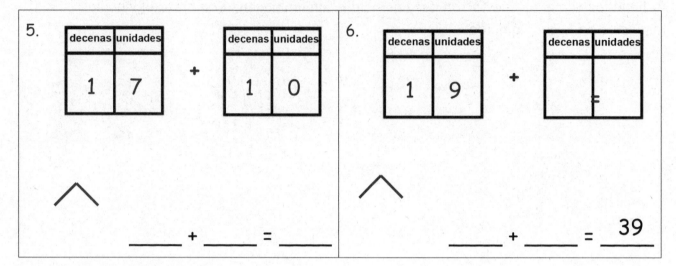

5.

decenas | unidades
1 | 7

+

decenas | unidades
1 | 0

_____ + _____ = _____

6.

decenas | unidades
1 | 9

+

decenas | unidades

_____ + _____ = __39__

Usa la notación de flecha para resolver.

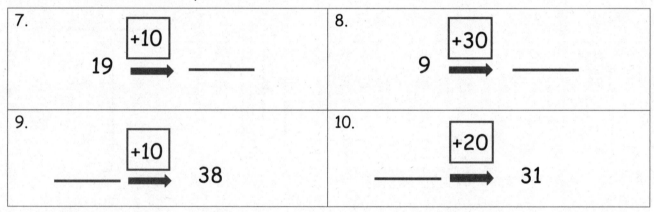

7.

19 →(+10) _____

8.

9 →(+30) _____

9.

_____ →(+10) 38

10.

_____ →(+20) 31

Usa las monedas de 1 centavo y de 10 centavos para completar las tablas de valor posicional.

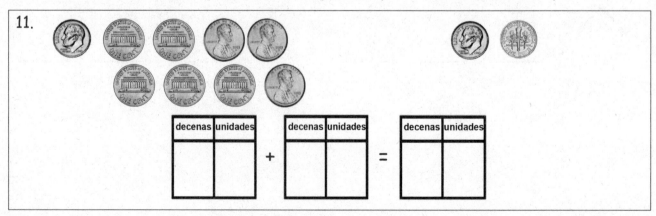

11.

decenas | unidades

+

decenas | unidades

=

decenas | unidades

Lección 12: Sumar decenas a un número de dos dígitos.

EUREKA MATH

Nombre _____ Fecha _____

Usa las imágenes para completar la tabla de valor posicional y el enunciado numérico.
Para los Problemas 5 y 6, haz un dibujo de decena rápida para poder resolverlos.

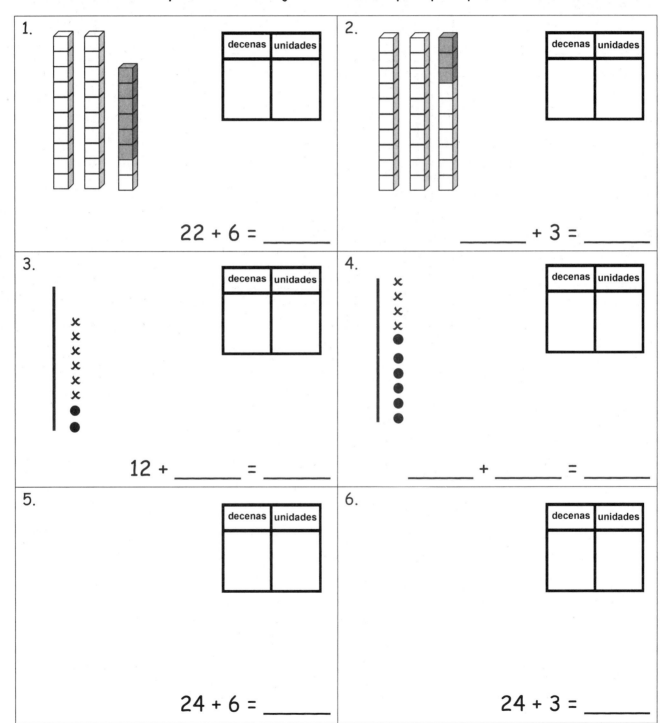

1.

decenas	unidades

22 + 6 = _____

2.

decenas	unidades

_____ + 3 = _____

3.

decenas	unidades

12 + _____ = _____

4.

decenas	unidades

_____ + _____ = _____

5.

decenas	unidades

24 + 6 = _____

6.

decenas	unidades

24 + 3 = _____

EUREKA MATH™

Lección 13:   Usar el conteo a partir de y la estrategia de hacer diez, al sumar a través de una decena.

127

©2017 Great Minds®. eureka-math.org

Dibuja decenas rápidas, unidades y vínculos numéricos para resolver. Completa la tabla de valor posicional.

7.		

$21 + 9 =$ _____

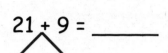

decenas	unidades

8.

$21 + 7 =$ _____

decenas	unidades

9.

$13 + 7 =$ _____

decenas	unidades

10.

$26 + 4 =$ _____

decenas	unidades

11.

$32 + 3 =$ _____

decenas	unidades

12.

$38 + 2 =$ _____

decenas	unidades

Lección 13: Usar el conteo a partir de y la estrategia de hacer diez, al sumar a través de una decena.

EUREKA MATH™

Nombre _____ Fecha _____

Usa las decenas rápidas y las unidades para completar la tabla de valor posicional y el enunciado numérico.

1.

decenas	unidades

21 + 4 = _____

2.

decenas	unidades

21 + 8 = _____

3.

decenas	unidades

25 + 4 = _____

4.

decenas	unidades

25 + 5 = _____

5.

decenas	unidades

33 + 3 = _____

6.

33 + 7 = _____

EUREKA MATH

Lección 13: Usar el conteo a partir de y la estrategia de hacer diez, al sumar a través de una decena.

129

©2017 Great Minds®. eureka-math.org

Dibuja decenas rápidas, unidades y vínculos numéricos para resolver. Completa la tabla de valor posicional.

7. $26 + 2 =$ _____	decenas	unidades

8. $36 + 3 =$ _____	decenas	unidades

9. $26 + 4 =$ _____	decenas	unidades

10. $24 + 6 =$ _____	decenas	unidades

11. Resolver. Ustedes pueden dibujar decenas rápidas y unidades o vínculos numéricos como apoyo.

   a. $22 + 7 =$ _____   b. $22 + 8 =$ _____   c. $32 + 8 =$ _____

Lección 13:   Usar el conteo a partir de y la estrategia de hacer diez, al sumar a través de una decena.

EUREKA MATH™

Nombre _____ Fecha _____

Usa las imágenes o dibuja decenas rápidas y unidades. Completa el enunciado numérico y la tabla de valor posicional.

1.

18 + 1 = _____

decenas	unidades

2.

18 + 2 = _____

decenas	unidades

3.

18 + 5 = _____

decenas	unidades

4.

29 + 1 = _____

decenas	unidades

5.

29 + 3 = _____

decenas	unidades

6.

29 + 6 = _____

decenas	unidades

7.

16 + 4 = _____

decenas	unidades

8.

16 + 6 = _____

decenas	unidades

9.

26 + 6 = _____

decenas	unidades

EUREKA MATH

Lección 14: Usar el conteo a partir de y la estrategia de hacer diez, al sumar a través de una decena.

131

©2017 Great Minds®. eureka-math.org

Haz un vínculo numérico para resolver. Muestra tu razonamiento con enunciados numéricos o la estrategia de flechas. Completa la tabla de valor posicional.

10.

17 + 2 = _____

decenas	unidades

11.

17 + 5 = _____

decenas	unidades

12.

25 + 4 = _____

decenas	unidades

13.

25 + 6 = _____

decenas	unidades

14.

34 + 4 = _____

decenas	unidades

15.

34 + 8 = _____

decenas	unidades

EUREKA MATH™

Nombre _____ Fecha _____

Usa las imágenes o dibuja decenas rápidas y unidades. Completa el enunciado numérico y la tabla de valor posicional.

1. 15 + 3 = _____

decenas	unidades

2. 15 + 5 = _____

decenas	unidades

3. 15 + 6 = _____

decenas	unidades

4. 28 + 2 = _____

decenas	unidades

5. 28 + 4 = _____

decenas	unidades

6. 28 + 7 = _____

decenas	unidades

7. 17 + 3 = _____

decenas	unidades

8. 17 + 7 = _____

decenas	unidades

9. 27 + 7 = _____

decenas	unidades

Haz un vínculo numérico para resolver. Muestra tu razonamiento con enunciados numéricos o la estrategia de flechas. Completa la tabla de valor posicional.

10.

$13 + 6 =$ _____

decenas	unidades

11.

$13 + 7 =$ _____

decenas	unidades

12.

$25 + 5 =$ _____

decenas	unidades

13.

$25 + 8 =$ _____

decenas	unidades

14.

$24 + 8 =$ _____

decenas	unidades

15.

$23 + 9 =$ _____

decenas	unidades

Lección 14:   Usar el conteo a partir de y la estrategia de hacer diez, al sumar a través de una decena.

EUREKA MATH

Nombre _____ Fecha _____

Resuelve los problemas.

1.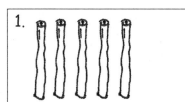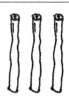

5 + 3 = _____

2.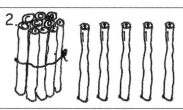

15 + 3 = _____

3.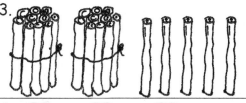

25 + 3 = _____

4.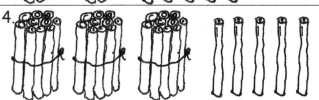

35 + 3 = _____

5.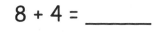

8 + 4 = _____

6.

18 + 4 = _____

7.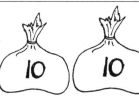

28 + 4 = _____

EUREKA MATH™

Lección 15:   Usar sumas de un solo dígito para ayudar a resolver sumas análogas hasta 40.

©2017 Great Minds®. eureka-math.org

135

8. Resuelve los problemas.

a. 6 + 2 = _____	b. 16 + 2 = _____	c. 26 + 2 = _____	d. 36 + 2 = _____
e. 6 + 4 = _____	f. 16 + 4 = _____	g. 26 + 4 = _____	h. 36 + 4 = _____
i. 9 + 2 = _____	j. 19 + 2 = _____	k. 29 + 2 = _____	
l. 8 + 6 = _____	m. 18 + 6 = _____	n. 28 + 6 = _____	

Resuelve los problemas. Muestra el enunciado de suma de 1 dígito que te ayudó a resolverlo.

9. 23 + 6 = _____   _____

10. 27 + 6 = _____   _____

EUREKA MATH

Nombre _____ Fecha _____

Resuelve los problemas.

1.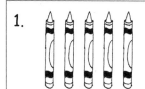

   5 + 4 = _____

2.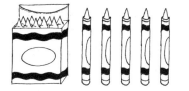

   15 + 4 = _____

3.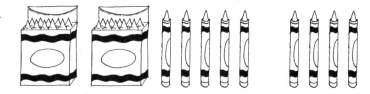

   25 + 4 = _____

4.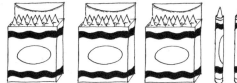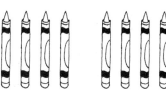

   35 + 4 = _____

5.

   8 + 4 = _____

6.

   18 + 4 = _____

7.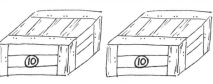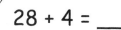

   28 + 4 = _____

Lección 15:   Usar sumas de un solo dígito para ayudar a resolver sumas análogas hasta 40.

137

EUREKA MATH™

Usa el primer enunciado numérico en cada conjunto para ayudar a resolver los problemas siguientes.

8. a. $5 + 2 = $ ____ b. $15 + 2 = $ ____ c. $25 + 2 = $ ____ d. $35 + 2 = $ ____	**9.** a. $5 + 5 = $ ____ b. $15 + 5 = $ ____ c. $25 + 5 = $ ____ d. $35 + 5 = $ ____
10. a. $2 + 7 = $ ____ b. $12 + 7 = $ ____ c. $22 + 7 = $ ____	**11.** a. $7 + 4 = $ ____ b. $17 + 4 = $ ____ c. $27 + 4 = $ ____
12. a. $8 + 7 = $ ____ b. $18 + 7 = $ ____ c. $28 + 7 = $ ____	**13.** a. $3 + 9 = $ ____ b. $13 + 9 = $ ____ c. $23 + 9 = $ ____

Resuelve los problemas. Muestra el enunciado de suma de 1 dígito que te ayudó a resolverlo.

14. $24 + 5 = $ _____   _____

15. $24 + 7 = $ _____   _____

Lección 15:   Usar sumas de un solo dígito para ayudar a resolver sumas análogas hasta 40.

©2017 Great Minds®. eureka-math.org

EUREKA MATH

Nombre _____ Fecha _____

Dibuja decenas rápidas y unidades para ayudar a resolver los problemas de suma.

1. 16 + 3 = ____	2. 17 + 3 = ____
3. 18 + 20 = ____	4. 31 + 8 = ____
5. 3 + 14 = ____	6. 6 + 30 = ____
7. 23 + 7 = ____	8. 17 + 3 = ____

Con un compañero, intenta resolver más problemas usando dibujos de decenas rápidas, vínculos numéricos o la estrategia de flechas.

9. 32 + 7 = _____

10. 13 + 20 = _____

11. 6 + 34 = _____

12. 4 + 36 = _____

13. 20 + 18 = _____

14. 14 + 20 = _____

15. Dibuja monedas de 10 centavos y monedas de 1 centavo para ayudar a resolver problemas de suma.

a. 16 + 20 = _____	b. 22 + 7 = _____

Lección 16:   Sumar unidades y unidades o decenas y decenas.

EUREKA MATH™

Nombre _____ Fecha _____

Dibuja decenas rápidas y unidades para ayudar a resolver los problemas de suma.

1. 17 + 2 = _____	2. 17 + 3 = _____
3. 14 + 3 = _____	4. 24 + 10 = _____

Haz un vínculo numérico o usa la estrategia de flechas para resolver los problemas de suma.

5. 6 + 24 = _____	6. 14 + 20 = _____

7. Resuelve cada enunciado de suma y relaciona.

a.

22 + 1 = _____

b.

13 + 6 = _____

c.

3 + 26 = _____

d.

37 + 3 = _____

$$26 \xrightarrow{+3} 29$$

e.

22 + 10 = _____

13 + 6

10   3

EUREKA MATH

Nombre _____ Fecha _____

Resuelve los problemas dibujando decenas rápidas y unidades o un vínculo numérico.

1.	25 + 1 = _____	2.	25 + 10 = _____
3.	15 + 4 = _____	4.	15 + 20 = _____
5.	16 + 7 = _____	6.	26 + 7 = _____
7.	23 + 7 = _____	8.	33 + 7 = _____

9. 16 + 20 = _____	10. 6 + 24 = _____

11. Intenta resolver más problemas con un compañero. Usa tu pizarra blanca individual para ayudar a resolver.

   a. 4 + 26   b. 28 + 4

   c. 32 + 7   d. 20 + 18

   e. 9 + 23   f. 9 + 27

Elijan un problema que resolvieron dibujando decenas rápidas y prepárense para comentar.

Elijan un problema que resolvieron usando el vínculo numérico y prepárense para comentar.

EUREKA
MATH

Nombre _____ Fecha _____

Usa dibujos de decenas rápidas o vínculos numéricos para hacer que los enunciados numéricos sean verdaderos.

1. 13 + 20 = _____	2. 23 + 6 = _____
3. 10 + 23 = _____	4. 28 + 6 = _____
5. 26 + 7 = _____	6. 20 + 17 = _____

7. ¿Cómo resolvieron el Problema 5? ¿Por qué decidieron resolverlo de esa manera?

Resuelve usando dibujos de decenas rápidas o vínculos numéricos.

8. $23 + 9 =$ _____	9. $27 + 7 =$ _____
10. $24 + 10 =$ _____	11. $20 + 18 =$ _____
12. $28 + 9 =$ _____	13. $29 + 9 =$ _____

14. ¿Cómo resolvieron el Problema 11? ¿Por qué decidieron resolverlo de esa manera?

Lección 17:   Sumar unidades y unidades o decenas y decenas.

EUREKA MATH

Nombre _____ Fecha _____

1. A cada una de las soluciones le falta números o partes del dibujo. Fija cada una para que sea precisa y completa.

$$13 + 8 = 21$$

a.

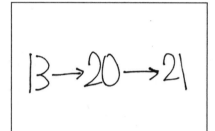

b.

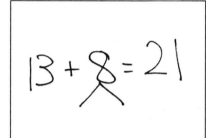

c.

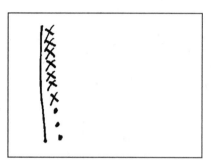

2. Encierra en un círculo el trabajo del estudiante que resuelve correctamente el problema de suma.

$$16 + 5$$

a.

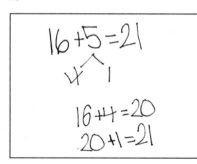

b.

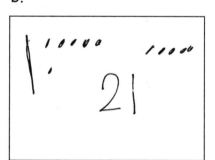

c.

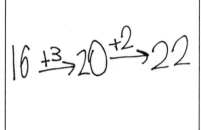

d. Arregla el trabajo que estaba incorrecto haciendo un nuevo trabajo en el siguiente espacio con el enunciado numérico que se relaciona.

EUREKA MATH™

Lección 18: Compartir y criticar estrategias de los compañeros para sumar números de dos dígitos.

147

©2017 Great Minds®. eureka-math.org

3. Encierra en un círculo el trabajo del estudiante que resuelve correctamente el problema de suma.

$$13 + 20$$

a.

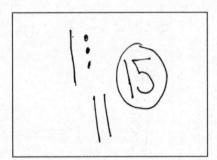

b.

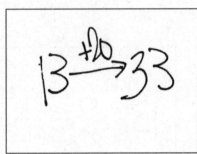

c.

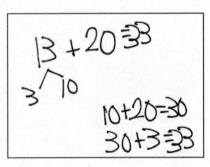

d. Arregla el trabajo que estaba incorrecto haciendo un nuevo dibujo en el siguiente espacio con el enunciado numérico que coincide.

4. Resuelve usando decenas rápidas, la estrategia de flechas o vínculos numéricos.

$$17 + 5 = \underline{\qquad}$$

Comparte con tu compañero(a). Comenta por qué decidieron resolver de la forma que lo hicieron.

EUREKA MATH

Nombre _____ Fecha _____

1. Dos estudiantes resolvieron el siguiente problema de suma usando métodos diferentes.

$$18 + 9$$

$$18 + 9 = 27$$
$$2 \quad 7$$
$$18 + 2 = 20$$
$$20 + 7 = 27$$

$$18 + 9 = 27$$
$$18 \xrightarrow{+2} 20 \xrightarrow{+7} 27$$
$$18 + 2 = 20$$
$$20 + 7 = 27$$

¿Están en lo correcto ambos? ¿Por qué sí o por qué no?

2. Otros dos estudiantes resolvieron el mismo problema usando decenas rápidas.

$$18 + 9 = 29$$

$$20 + 9 = 29$$

$$18 + 9 = 27$$

$$20 + 7 = 27$$

¿Están en lo correcto ambos? ¿Por qué sí o por qué no?

EUREKA MATH™

Lección 18: Compartir y criticar estrategias de los compañeros para sumar números de dos dígitos.

149

©2017 Great Minds®. eureka-math.org

3. Encierra en un círculo el trabajo de cualquier estudiante que esté correcto.

$$19 + 6$$

| Estudiante A | Estudiante B | Estudiante C |

Estudiante A

19 + 6

20 + 6 = 26

Estudiante B

19 + 6

19 + 1 = 20
20 + 5 = 25

Estudiante C

19 + 6

19 → 20 → 25

Arregla el trabajo del estudiante que estaba incorrecto haciendo un dibujo o dibujos nuevos en el siguiente espacio.

Elige un trabajo correcto de un estudiante, y proporciona una sugerencia para mejorar.

Lección 18:   Compartir y criticar estrategias de los compañeros para sumar números de dos dígitos.

EUREKA MATH™

Nombre _____ Fecha _____

Lee de nuevo el problema escrito.
Dibuja un diagrama de cinta y etiqueta.
Escribe un enunciado numérico y una afirmación que coincida con la historia.

1. Lee vio 6 calabazas y 7 zapallos creciendo en su jardín. ¿Cuántos vegetales vio crecer en su jardín?

Lee vio _____ vegetales.

2. Kiana capturó 6 lagartos. Su hermano capturó 6 serpientes. ¿Cuántos reptiles tienen en total?

Kiana y su hermano tienen _____ reptiles.

3. El equipo de Anton tiene 12 pelotas de soccer en el campo y 3 pelotas de soccer en la bolsa del entrenador. ¿Cuántas pelotas de soccer tiene el equipo de Anton?

El grupo de Anton tiene _____ pelotas de soccer.

EUREKA
MATH™

Lección 19:   Usar diagramas de cinta como representaciones para resolver
problemas escritos de *juntar/separar con total desconocido* y *sumar
con resultado desconocido*.

©2017 Great Minds®. eureka-math.org

151

4. Emi tenía 13 amigos que vinieron a cenar. 4 amigos más vinieron para el pastel.
¿Cuántos amigos vinieron a la casa de Emi?

Había _____ amigos.

5. 6 adultos y 12 niños estaban nadando en el lago. ¿Cuántas personas estaban nadando en el lago?

Había _____ personas nadando en el lago.

6. Rose tiene una vasija con 13 flores. Ella coloca 7 flores más en la vasija. ¿Cuántas flores hay en la vasija?

Hay _____ flores en la vasija.

Lección 19:   Usar diagramas de cinta como representaciones para resolver
problemas escritos de *juntar/separar con total desconocido* y *sumar
con resultado desconocido.*

©2017 Great Minds®. eureka-math.org

EUREKA MATH

Nombre _____ Fecha _____

<u>L</u>ee el problema escrito.
<u>D</u>ibuja un diagrama de cinta y etiqueta.
<u>E</u>scribe un enunciado numérico y una afirmación que coincida con la historia.

1. Darnel está jugando con sus 4 robots rojos. Ben se le une con 13 robots azules.
    ¿Cuántos robots tienen en total?

Ellos tienen _____ robots.

2. Rose y Emi tuvieron un concurso de salto de cuerda. Rose saltó 14 veces y Emi saltó
    6 veces. ¿Cuántas veces saltaron Rose y Emi?

Ellas saltaron _____ veces.

Lección 19:   Usar diagramas de cinta como representaciones para resolver
              problemas escritos de *juntar/separar con total desconocido* y *sumar
              con resultado desconocido.*

©2017 Great Minds®. eureka-math.org

153

3. Pedro contó los aviones que despegaban y aterrizaban en el aeropuerto. Él vio 7 aviones despegar y 6 aviones aterrizar. ¿Cuántos aviones contaron en total?

Pedro contó _____ aviones.

4. Tamra y Willie anotaron todos los puntos para su equipo en su juego de baloncesto. Tamra anotó 13 puntos y Willie anotó 5 puntos. ¿Cuál fue la puntuación de su equipo para el juego?

La puntuación del equipo fue de _____ puntos.

Lección 19:   Usar diagramas de cinta como representaciones para resolver problemas escritos de *juntar/separar con total desconocido* y *sumar con resultado desconocido*.

©2017 Great Minds®. eureka-math.org

EUREKA MATH

Nombre _____ Fecha _____

Lee el problema escrito.
Dibuja un diagrama de cinta y etiqueta.
Escribe un enunciado numérico y una afirmación que
coincida con la historia.

1. 9 perros estaban jugando en el parque. Algunos perros más vinieron al parque. Luego, había 11 perros. ¿Cuántos perros más vinieron al parque?

_____ perros más vinieron al parque.

2. Había 16 fresas en una canasta para Peter y Julio. Peter se come 8 de ellas. ¿Cuántas hay para que se las coma Julio?

Julio tiene _____ fresas para comer.

3. 13 niños están en la montaña rusa. 3 adultos están en la montaña rusa. ¿Cuántas personas están en la montaña rusa?

Hay _____ personas en la montaña rusa.

Lección 20:   Reconocer y hacer uso de relaciones parte-total dentro de los diagramas de cinta al resolver distintos tipos de problemas.

©2017 Great Minds®. eureka-math.org

155

4. 13 personas están ahora en la montaña rusa. 3 adultos están en la montaña rusa, y el resto son niños. ¿Cuántos niños hay en la montaña rusa?

Hay _____ niños en la montaña rusa.

5. Ben tiene 6 prácticas de béisbol en la mañana este mes. Si Ben también tiene 6 prácticas en la tarde, ¿cuántas prácticas de béisbol tiene Ben?

Ben tiene _____ prácticas de béisbol.

6. La pulsera de Tamra tenía algunas cuentas amarillas. Después de colocar 14 cuentas moradas en la pulsera, había 18 cuentas. ¿Cuántas cuentas amarillas tenía la pulsera de Tamra en primer lugar?

La pulsera de Tamra tenía_____ cuentas amarillas.

156   Lección 20:   Reconocer y hacer uso de relaciones parte-total dentro de los
                                    diagramas de cinta al resolver distintos tipos de problemas.

                                                                                        EUREKA
                                                                                        MATH

©2017 Great Minds®. eureka-math.org

Nombre _____ Fecha _____

Lee el problema escrito.
Dibuja un diagrama de cinta y etiqueta.
Escribe un enunciado numérico y una afirmación que
coincida con la historia.

1. Rose tiene 12 prácticas de soccer este mes. Hay 6 prácticas en la tarde, pero el
    resto son en la mañana. ¿Cuántas prácticas habrá en la mañana?

Rose tiene_____ prácticas en la mañana.

2. Ben atrapó 16 peces. Devolvió algunos al lago. Trajo a casa 7 peces.
    ¿Cuántos peces regresó al lago?

Ben devolvió _____ peces al lago.

EUREKA MATH™

Lección 20:   Reconocer y hacer uso de relaciones parte-total dentro de los
               diagramas de cinta al resolver distintos tipos de problemas.

©2017 Great Minds®. eureka-math.org

157

3. Nikil resolvió 9 problemas en el primer Sprint. Resolvió 11 problemas en el segundo Sprint. ¿Cuántos problemas resolvió en los dos Sprints?

Nikil resolvió _____ problemas en los Sprints.

4. Shanika devolvió algunos libros a la biblioteca. Tenía 16 libros al principio y todavía le quedan 13 libros. ¿Cuántos libros devolvió a la biblioteca?.

Shanika regresó _____ libros a la biblioteca.

    Lección 20:   Reconocer y hacer uso de relaciones parte-total dentro de los diagramas de cinta al resolver distintos tipos de problemas.

©2017 Great Minds®. eureka-math.org

EUREKA MATH™

Nombre _____ Fecha _____

Lee el problema escrito.
Dibuja un diagrama de cinta y etiqueta.
Escribe un enunciado numérico y una afirmación que
coincida con la historia.

1. Rose dibujó 7 imágenes, y Willie dibujó 11 imágenes. ¿Cuántas imágenes dibujaron
    en total?

                                    Dibujaron _____ imágenes.

2. Darnel caminó 7 minutos a la casa de Lee. Luego, caminó hacia el parque. Darnel
    caminó un total de 18 minutos. ¿Cuántos minutos le tomó a Darnel llegar al parque?

                          A Darnel le tomó _____ minutos llegar al parque.

3. Emi tiene algunas carpas doradas. Tamra tiene 14 peces beta. Tamra y Emi tienen
    19 peces en total. ¿Cuántas carpas doradas tiene Emi?

                                Emi tiene _____ carpas doradas.

Lección 21:   Reconocer y hacer uso de relaciones parte-total dentro de los   159
                diagramas de cinta al resolver distintos tipos de problemas.

©2017 Great Minds®. eureka-math.org

4. Shanika construyó una torre de bloques usando 14 bloques. Luego, agregó 4 bloques más a la torre. ¿Cuántos bloques hay en la torre ahora?

La torre está formada por _____ bloques.

5. La torre de Nikil tiene una altura de 15 bloques. Agregó algunos bloques más a su torre. Su torre tiene ahora una altura de 18 bloques. ¿Cuántos bloques agregó Nikil?

Nikil agregó _____ bloques.

6. Ben y Peter atraparon 17 renacuajos. Ellos dieron algunos a Anton. Les quedan 4 renacuajos. ¿Cuántos renacuajos le dieron ellos a Anton?

Ellos dieron _____ renacuajos a Anton.

Lección 21:   Reconocer y hacer uso de relaciones parte-total dentro de los diagramas de cinta al resolver distintos tipos de problemas.

©2017 Great Minds®. eureka-math.org

Nombre _____   Fecha _____

Lee el problema escrito.
Dibuja un diagrama de cinta y etiqueta.
Escribe un enunciado numérico y una afirmación que
coincida con la historia.

1. Fátima tiene 12 lápices de colores en su bolsa. Ella también tiene 6 lápices
   regulares. ¿Cuántos lápices tiene Fátima?

   Fátima tiene _____ lápices.

2. Julio nadó 7 vueltas en la mañana. Por la tarde, nadó algunas vueltas más.
   Nadó un total de 14 vueltas ¿Cuántas vueltas nadó por la tarde?

   Julio nadó _____ vueltas por la tarde.

3. Peter construyó 18 modelos. Construyó 13 aviones y algunos automóviles. ¿Cuántos
   modelos de automóvil construyó?

   Peter construyó _____ modelos de automóvil.

Lección 21:   Reconocer y hacer uso de relaciones parte-total dentro de los
                 diagramas de cinta al resolver distintos tipos de problemas.

©2017 Great Minds®. eureka-math.org

161

4. Kiana encontró algunas conchas en la playa. Le dio 8 conchas a su hermano. Ahora, le quedan 9 conchas. ¿Cuántas conchas encontró Kiana en la playa?

Kiana encontró _____ conchas.

EUREKA MATH

Nombre _____ Fecha _____

Usa los diagramas de cinta para escribir una variedad de problemas escritos. Usa el banco de palabras si hace falta. Recuerda etiquetar tu representación después de escribir la historia.

Temas (Sustantivos)		
Flores	carpas doradas	lagartos
adhesivos	cohetes	automóviles
ranas	galletas	canicas

Acciones (Verbos)		
esconder	comer	alejarse
dar	dibujar	obtener
recolectar	construir	jugar

1.

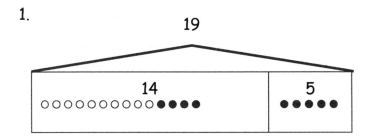

2.

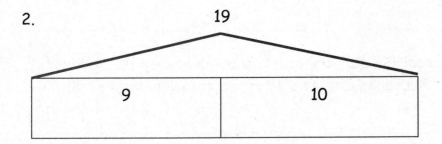

Escribir problemas escritos de diversos tipos.

EUREKA
MATH™

3.

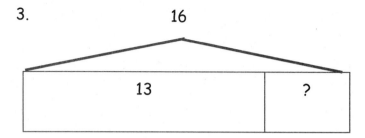

4.

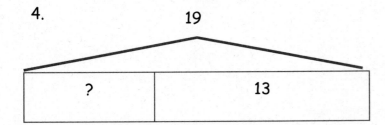

EUREKA
MATH™

Nombre _____ Fecha _____

Usa los diagramas de cinta para escribir una variedad de problemas escritos. Usa el banco de palabras si hace falta. Recuerda nombrar tu representación después de escribir la historia.

Temas (Sustantivos)		
Flores	carpas doradas	lagartos
adhesivos	cohetes	automóviles
ranas	galletas	canicas

Acciones (Verbos)		
ocultar	comer	alejarse
dar	dibujar	obtener
recolectar	construir	jugar

1.

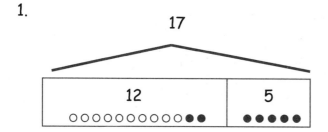

2.

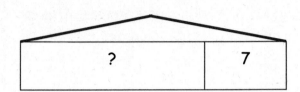

16

?   7

EUREKA
MATH™

Nombre _____ Fecha _____

1. Llena los espacios en blanco y relaciona los pares que muestran la misma cantidad.

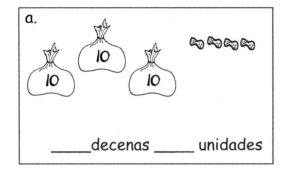

_____decenas _____ unidades

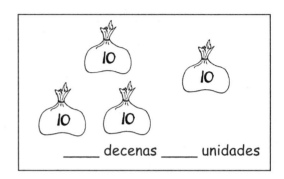

_____ decenas _____ unidades

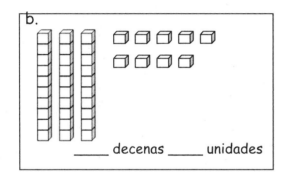

_____ decenas _____ unidades

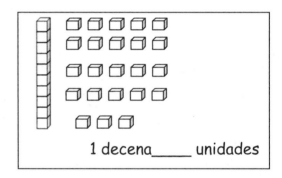

1 decena_____ unidades

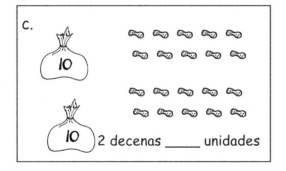

2 decenas _____ unidades

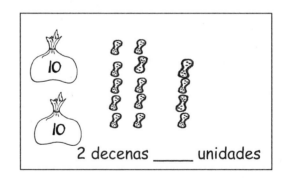

2 decenas _____ unidades

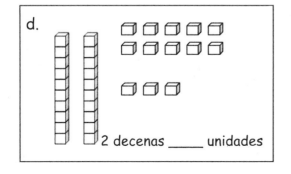

2 decenas _____ unidades

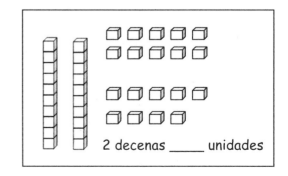

2 decenas _____ unidades

Lección 23:   Interpretar números de dos dígitos como decenas y unidades,
incluyendo casos con más de 9 unidades.

169

©2017 Great Minds®. eureka-math.org

2. Relaciona las tablas de valor posicional que muestran la misma cantidad.

a.

decenas	unidades
2	2

decenas	unidades
3	6

b.

decenas	unidades
2	16

decenas	unidades
3	4

c.

decenas	unidades
2	14

decenas	unidades
1	12

3. Comprueba cada enunciado que sea verdadero.

☐ a. 27 es igual a 1 decena 17 unidades. ☐ b. 33 es igual a 2 decenas 23 unidades.

☐ c. 37 es igual a 2 decenas 17 unidades. ☐ d. 29 es igual a 1 decena 19 unidades.

4. Lee dice que 35 es igual a 2 decenas 15 unidades y María dice que 35 es igual a 1 decena 25 unidades. Dibuja decenas rápidas para mostrar si Lee o María están en lo correcto.

Lección 23:   Interpretar números de dos dígitos como decenas y unidades, incluyendo casos con más de 9 unidades.

EUREKA MATH

Nombre _____ Fecha _____

1. Rellena los espacios en blanco y relaciona los pares que muestran la misma cantidad.

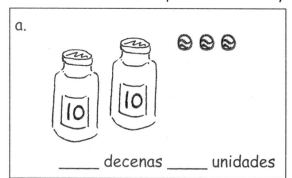

_____ decenas _____ unidades

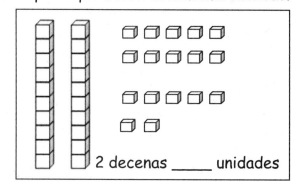

2 decenas _____ unidades

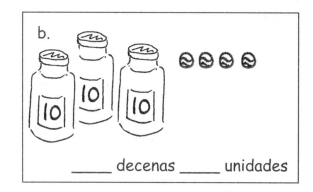

_____ decenas _____ unidades

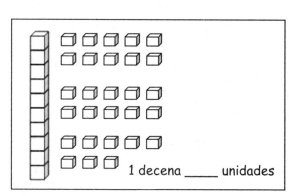

1 decena _____ unidades

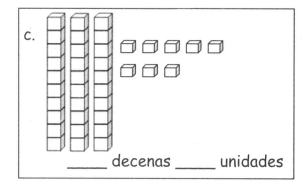

_____ decenas _____ unidades

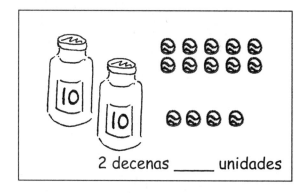

2 decenas _____ unidades

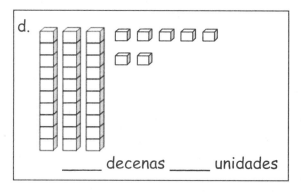

_____ decenas _____ unidades

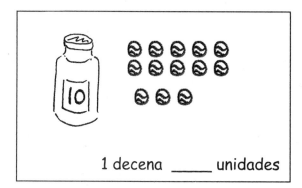

1 decena _____ unidades

EUREKA MATH™

Lección 23:   Interpretar números de dos dígitos como decenas y unidades, incluyendo casos con más de 9 unidades.

171

©2017 Great Minds®. eureka-math.org

2. Relaciona las tablas de valor posicional que muestran la misma cantidad.

a.
decenas	unidades
2	18

decenas	unidades
3	8

b.
decenas	unidades
1	16

decenas	unidades
2	1

c.
decenas	unidades
0	21

decenas	unidades
2	6

3. Comprueba que cada enunciado sea verdadero.

☐ a. 35 es igual a 1 decena 25 unidades. ☐ b. 28 es igual a 1 decena 18 unidades.

☐ c. 36 es igual a 2 decenas 16 unidades. ☐ d. 39 es igual a 2 decenas 29 unidades.

4. Emi dice que 37 es igual a 1 decena 27 unidades y Ben dice que 37 es igual a 2 decenas 7 unidades. Dibuja decenas rápidas para mostrar si Emi o Ben están en lo correcto.

Lección 23: Interpretar números de dos dígitos como decenas y unidades, incluyendo casos con más de 9 unidades.

EUREKA MATH

Nombre _____ Fecha _____

1. Resuelve usando vínculos numéricos. Escribe los dos enunciados numéricos que muestran que agregaste la decena primero. Dibuja decenas rápidas y unidades si eso te ayuda.

a.
14 + 13 = _____

10   3

14 + 10 = 24

24 + 3 = 27

b.
13 + 24 = _____

10   3

24 + 10 = _____

_____ + 3 = _____

c.
16 + 13 = _____

10   3

16 + 10 = _____

_____ + 3 = _____

d.
13 + 26 = _____

10   3

26 + 10 = _____

_____ + _____ = _____

e.
15 + 15 = _____

10   5

_____ + _____ = _____

_____ + _____ = _____

f.
15 + 25 = _____

_____ + _____ = _____

_____ + _____ = _____

EUREKA MATH™   Lección 24:   Sumar un par de números de dos dígitos cuando los dígitos de unidades tengan una suma menor que o igual a 10.   173

©2017 Great Minds®. eureka-math.org

2. Resuelve usando vínculos numéricos o la estrategia de flechas. La Parte (a) ha sido iniciada para ti.

a. $15 + 13 =$ _____ 10 3	b. $14 + 23 =$ _____
c. $16 + 14 =$ _____	d. $14 + 26 =$ _____
e. $21 + 17 =$ _____	f. $17 + 23 =$ _____
g. $21 + 18 =$ _____	h. $18 + 12 =$ _____

Lección 24:   Sumar un par de números de dos dígitos cuando los dígitos de unidades tengan una suma menor que o igual a 10.

©2017 Great Minds®. eureka-math.org

EUREKA
MATH™

Nombre _____ Fecha _____

1. Resuelve usando vínculos numéricos. Escribe los dos enunciados numéricos que muestran que sumaron la decena primero. Dibuja decenas rápidas y unidades si eso te ayuda.

a.
13 + 16 = ____

10   3

16 + 10 = 26

26 + 3 = 29

b.
16 + 23 = ____

10   6

23 + 10 = ____

____ + 6 = ____

c.
16 + 14 = ____

10   4

16 + 10 = ____

____ + 4 = ____

d.
14 + 26 = ____

10   4

26 + 10 = ____

____ + ____ = ____

e.
17 + 13 = ____

10   3

____ + ____ = ____

____ + ____ = ____

f.
27 + 13 = ____

____ + ____ = ____

____ + ____ = ____

EUREKA MATH

Lección 24: Sumar un par de números de dos dígitos cuando los dígitos de unidades tengan una suma menor que o igual a 10.

175

©2017 Great Minds®. eureka-math.org

2. Resuelve usando vínculos numéricos. La Parte (a) ha sido iniciada para ti.

a. 14 + 13 = ____ /\ 10 3 ____ + ____ = ____ ____ + ____ = ____	b. 24 + 14 = ____ ____ + ____ = ____ ____ + ____ = ____
c. 15 + 14 = ____	d. 24 + 15 = ____
e. 22 + 17 = ____	f. 27 + 12 = ____
g. 18 + 12 = ____	h. 28 + 12 = ____

Lección 24:   Sumar un par de números de dos dígitos cuando los dígitos de unidades tengan una suma menor que o igual a 10.

©2017 Great Minds®. eureka-math.org

EUREKA MATH™

Nombre _____ Fecha _____

1. Resuelve usando vínculos numéricos. Esta vez, agrega primero las decenas. Escribe los 2 enunciados numéricos para mostrar lo que hiciste bien.

a.

$11 + 14 =$ _____

b.

$21 + 14 =$ _____

c.

$14 + 15 =$ _____

d.

$26 + 14 =$ _____

e.

$26 + 13 =$ _____

f.

$13 + 24 =$ _____

EUREKA MATH

Lección 25: Agregar un par de números de dos dígitos cuando los dígitos de unidades tengan una suma menor que o igual a 10.

177

©2017 Great Minds®. eureka-math.org

2. Resuelve usando vínculos numéricos. Esta vez, agrega las unidades primero. Escribe los 2 enunciados numéricos para mostrar lo que hiciste.

a. $29 + 11 =$ _____	b. $17 + 13 =$ _____
c. $14 + 16 =$ _____	d. $26 + 13 =$ _____
e. $28 + 11 =$ _____	f. $12 + 27 =$ _____
g. $18 + 12 =$ _____	h. $22 + 18 =$ _____

Lección 25:   Agregar un par de números de dos dígitos cuando los dígitos de unidades tengan una suma menor que o igual a 10.

EUREKA MATH

Nombre _____ Fecha _____

1. Resuelve usando vínculos numéricos. Esta vez, agrega primero las decenas. Escribe los 2 enunciados numéricos para mostrar lo que hiciste.

a. $12 + 14 =$ ____	b. $14 + 21 =$ ____
c. $15 + 14 =$ ____	d. $25 + 14 =$ ____
e. $23 + 16 =$ ____	f. $16 + 24 =$ ____

EUREKA MATH™

Lección 25:   Agregar un par de números de dos dígitos cuando los dígitos de unidades tengan una suma menor que o igual a 10.

©2017 Great Minds®. eureka-math.org

179

2. Resuelve usando vínculos numéricos. Esta vez, agrega las unidades primero. Escribe los 2 enunciados numéricos para mostrar lo que hiciste.

a. 27 + 10 = _____	b. 27 + 13 = _____
c. 13 + 26 = _____	d. 26 + 14 = _____
e. 12 + 18 = _____	f. 18 + 21 = _____
g. 19 + 11 = _____	h. 21 + 19 = _____

Lección 25:   Agregar un par de números de dos dígitos cuando los dígitos de unidades tengan una suma menor que o igual a 10.

EUREKA MATH

Nombre _____ Fecha _____

1. Resuelve usando un vínculo numérico para sumar las decenas primero. Escribe los 2 enunciados numéricos que te ayudaron.

a.
18 + 14 = _____

10   4

18 + 10 = 28

28 + 4 = 32

b.
14 + 17 = _____

10   4

17 + 10 = 27

27 + 4 = 31

c.
19 + 15 = _____

10   5

19 + 10 = _____

_____ + 5 = _____

d.
18 + 15 = _____

10   5

18 + 10 = _____

_____ + 5 = _____

e.
19 + 13 = _____

10   3

19 + 10 = _____

_____ + _____ = _____

f.
19 + 16 = _____

10   6

19 + 10 = _____

_____ + _____ = _____

EUREKA MATH

Lección 26: Sumar un par de números de dos dígitos cuando los dígitos de unidades tengan una suma mayor que 10.

181

©2017 Great Minds®. eureka-math.org

2. Resuelve usando un vínculo numérico para hacer una decena primero. Escribe los 2 enunciados numéricos que te ayudaron.

a.

19 + 14 = _____

```
      /\
     1   13
```

19 + 1 = 20

20 + 13 = 33

b.

18 + 13 = _____

```
      /\
     2   11
```

18 + 2 = 20

20 + 11 = 31

c.

18 + 14 = _____

```
      /\
     2   12
```

18 + 2 = _____

20 + 12 = _____

d.

18 + 16 = _____

```
      /\
     2   14
```

18 + 2 = _____

_____ + 14 = _____

e.

15 + 17 = _____

```
      /\
    12   3
```

_____ + 3 = _____

_____ + 12 = _____

f.

17 + 18 = _____

```
      /\
    15   2
```

_____ + _____ = _____

_____ + _____ = _____

Lección 26:   Sumar un par de números de dos dígitos cuando los dígitos de unidades tengan una suma mayor que 10.

©2017 Great Minds®. eureka-math.org

EUREKA
MATH™

Nombre _____ Fecha _____

1. Resuelve usando un vínculo numérico para sumar las decenas primero. Escribe los 2 enunciados numéricos que te ayudaron.

a.

18 + 13 = _____

10   3

18 + 10 = 28

28 + 3 = 31

b.

13 + 19 = _____

10   3

19 + 10 = 29

29 + 3 = 32

c.

17 + 15 = _____

10   5

17 + 10 = _____

_____ + 5 = _____

d.

17 + 16 = _____

10   6

17 + 10 = _____

_____ + 6 = _____

e.

17 + 14 = _____

10   4

17 + 10 = _____

_____ + _____ = _____

f.

19 + 17 = _____

10   7

19 + 10 = _____

_____ + _____ = _____

2. Resuelve usando un vínculo numérico para hacer una decena primero. Escribe los 2 enunciados numéricos que te ayudaron.

a. $19 + 13 =$ _____	b. $19 + 14 =$ _____
1 12	1 13
$19 + 1 = 20$	$19 + 1 = 20$
$20 + 12 = 32$	$20 + 13 = 33$
c. $18 + 15 =$ _____	d. $18 + 17 =$ _____
2 13	2 15
$18 + 2 =$ ____	$18 + 2 =$ ____
$20 + 13 =$ ____	____ $+ 15 =$ ____
e. $18 + 19 =$ ____	f. $19 + 19 =$ ____
17 1	18 1
____ $+ 1 =$ ____	____ $+$ ____ $=$ ____
____ $+ 17 =$ ____	____ $+$ ____ $=$ ____

Lección 26:   Sumar un par de números de dos dígitos cuando los dígitos de unidades tengan una suma mayor que 10.

EUREKA MATH™

Nombre _____ Fecha _____

1. Resuelve usando vínculos numéricos con pares de enunciados numéricos. Puedes dibujar decenas rápidas y algunas unidades para ayudarte.

a. 19 + 12 = _____	b. 18 + 12 = _____
c. 19 + 13 = _____	d. 18 + 14 = _____
e. 17 + 14 = _____	f. 17 + 17 = _____
g. 18 + 17 = _____	h. 18 + 19 = _____

Lección 27:   Sumar un par de números de dos dígitos cuando los dígitos de unidades tengan una suma mayor que 10.

185

©2017 Great Minds®. eureka-math.org

2. Resuelve. Puedes dibujar decenas rápidas y algunas unidades para ayudarte.

a. 19 + 12 = _____	b. 18 + 13 = _____
c. 19 + 13 = _____	d. 18 + 15 = _____
e. 19 + 16 = _____	f. 15 + 17 = _____
g. 19 + 19 = _____	h. 18 + 18 = _____

Lección 27:   Sumar un par de números de dos dígitos cuando los dígitos de
                        unidades tengan una suma mayor que 10.

EUREKA
MATH™

Nombre _____ Fecha _____

1. Resuelve usando vínculos numéricos con pares de enunciados numéricos. Puedes dibujar decenas rápidas y algunas unidades para ayudarte.

a. 17 + 14 = _____	b. 16 + 15 = _____
c. 17 + 15 = _____	d. 18 + 13 = _____
e. 18 + 15 = _____	f. 18 + 16 = _____
g. 19 + 15 = _____	h. 19 + 16 = _____

2. Resuelve. Puedes dibujar decenas rápidas y algunas unidades para ayudarte.

a. 19 + 14 = _____	b. 19 + 17 = _____
c. 18 + 17 = _____	d. 16 + 16 = _____
e. 17 + 14 = _____	f. 15 + 16 = _____
g. 19 + 19 = _____	h. 18 + 18 = _____

Lección 27:   Sumar un par de números de dos dígitos cuando los dígitos de
unidades tengan una suma mayor que 10.

EUREKA
MATH™

Nombre _____ Fecha _____

1. Resuelve usando dibujos de decenas rápidas, vínculos numéricos o la estrategia de flechas. Marca el rectángulo si hiciste una nueva decena.

a. 23 + 12 = _____ ☐	b. 15 + 15 = _____ ☐
c. 19 + 21 = _____ ☐	d. 17 + 12 = _____ ☐
e. 27 + 13 = _____ ☐	f. 17 + 16 = _____ ☐

Sumar un par de números de dos dígitos con diversas sumas en las unidades.

©2017 Great Minds®. eureka-math.org

2. Resuelve usando dibujos de decenas rápidas, vínculos numéricos o la estrategia de flechas.

a. 15 + 13 = _____	b. 25 + 13 = _____
c. 24 + 14 = _____	d. 25 + 15 = _____
e. 18 + 14 = _____	f. 18 + 18 = _____
g. 24 + 16 = _____	h. 17 + 18 = _____

Lección 28:   Sumar un par de números de dos dígitos con diversas sumas en las unidades.

Nombre _____ Fecha _____

Resuelve usando decenas rápidas y unidades, vínculos numéricos o la estrategia de flechas.

a. 13 + 16 = _____	b. 15 + 16 = _____
c. 16 + 16 = _____	d. 26 + 12 = _____
e. 22 + 17 = _____	f. 17 + 15 = _____
g. 17 + 16 = _____	h. 18 + 17 = _____

Lección 28:   Sumar un par de números de dos dígitos con diversas sumas en las unidades.

i. 24 + 13 = _____

j. 15 + 24 = _____

k. 19 + 16 = _____

l. 14 + 22 = _____

m. 27 + 12 = _____

n. 28 + 12 = _____

o. 18 + 17 = _____

p. 19 + 18 = _____

Lección 28:   Sumar un par de números de dos dígitos con diversas sumas en las unidades.

EUREKA MATH™

Nombre _____ Fecha _____

1. Resuelve usando dibujos de decenas rápidas, vínculos numéricos o estrategia de flechas.

a. 13 + 12 = _____	b. 23 + 12 = _____
c. 13 + 16 = _____	d. 23 + 16 = _____
e. 13 + 27 = _____	f. 17 + 16 = _____
g. 14 + 18 = _____	h. 18 + 17 = _____

Lección 29:   Agregar un par de números de dos dígitos con diversas sumas en las unidades.

193

©2017 Great Minds®. eureka-math.org

2. Resuelve usando dibujos de decenas rápidas, vínculos numéricos o la estrategia de flechas. Prepárense para comentar cómo resolvieron durante la Reflexión.

a. 17 + 11 = _____	b. 17 + 21 = _____
c. 27 + 13 = _____	d. 17 + 14 = _____
e. 13 + 26 = _____	f. 17 + 17 = _____
g. 18 + 15 = _____	h. 16 + 17 = _____

Lección 29:   Agregar un par de números de dos dígitos con diversas sumas en las unidades.

©2017 Great Minds®. eureka-math.org

EUREKA MATH

Nombre _____   Fecha _____

1. Resuelve usando dibujos de decenas rápidas, vínculos numéricos o estrategia de flechas.

a. 13 + 15 = _____	b. 26 + 12 = _____
c. 23 + 16 = _____	d. 17 + 16 = _____
e. 14 + 17 = _____	f. 27 + 12 = _____
g. 15 + 18 = _____	h. 18 + 16 = _____

Lección 29:   Agregar un par de números de dos dígitos con diversas sumas en las
unidades.

©2017 Great Minds®. eureka-math.org

195

2. Resuelve usando dibujos de decenas rápidas, vínculos numéricos o estrategia de flechas.

a. 17 + 12 = _____	b. 21 + 17 = _____
c. 17 + 15 = _____	d. 27 + 13 = _____
e. 23 + 14 = _____	f. 18 + 17 = _____
g. 18 + 11 = _____	h. 18 + 18 = _____

Lección 29: Agregar un par de números de dos dígitos con diversas sumas en las unidades.

EUREKA MATH™